Denmark / Finland / Sweden / Norway / Iceland

北欧のスマートシティ

テクノロジーを活用したウェルビーイングな都市づくり

Nordic Smart City

安岡美佳
ユリアン 森江 原 ニールセン

学芸出版社

ヘルシンキのスマートシティ開発地区カラサタマ

3

コペンハーゲンのイノベーションハブ、ブロックス周辺

SATS

デンマークの街中に設置された自転車交通量を測るカウンター

ヘルシンキのカラサタマ地区を走行する自動運転バス

ノルウェーのフューチャービルトのゼロエネルギー住宅 Fyrstikkbakken14。建設中の温室効果ガスの排出量を 50 %削減

コペンハーゲンのアパートの屋上庭園で
自家栽培した食材を楽しめるレストラン、
グロ・スピセリ

コペンハーゲンの水辺に近接した居住区

パブリックサウナで交流するフィンランド人。
写真はヘルシンキのコティハルユ・サウナ

ノルウェーのポジティブ・エネルギー・ホテル、
シックスセンシズ・スヴァルト

ヘルシンキ中央図書館オーディ。市民が参画して計画され、
メイカースペースなど多様な機能を併設

オスロ中央図書館ダイクマン・ビヨルビカ。
多様なアクティビティを誘発する開放的な空間

コペンハーゲン中央図書館。エントランスフロアで定期的に行われる朝の合唱コンサート

写真クレジット
p.1：Gro Spiseri
p.2-3：Janne Hirvonen ／ Helsinki Partners
p.4-5：Rasmus Hjortshøj ／ BLOX
p.7 上：City of Helsinki
p.7 下：Link Arkitektur ／ Birk&Co ／ AF Gruppen
p.8：Gro Spiseri
p.9：Visit Copenhagen
p.10：Maija Astikainen ／ Helsinki Partners
p.11：Svart Eindom
p.12 上：Kuvio ／ Oodi
p.12 下、207：Erik Thallaug ／ Deichman-Bjorvika
p.13：Københavns Hovedbibliotek
p.21：Go VisitDenmark
p.57：Daniel Rasmussen ／ Copenhagen Media Center
p.119：Giuseppe Liverino ／ Copenhagen Media Center
p.179：Jussi Hellsten ／ Helsinki Partners
p.247：Lauri Rotko ／ Helsinki Partners

はじめに

北欧諸国は、欧州北部の辺境に位置し、各国の人口は600～1000万人程度、基幹産業も限られた小国群である。にもかかわらず、生活の質、幸福度、SDGs、競争力、といった国際ランキングで、北欧諸国は軒並み上位を占める。なぜ、北欧諸国はこのように高く評価される価値を創出できるのだろうか。その問いについて、本書ではスマートシティという切り口から解き明かしていきたい。

近年、世界各地でスマートシティの取り組みが活発化している。スマートシティとは、ICTやIoT、AIなどのテクノロジーを用いて、社会、生活、産業のインフラやサービスを効率的・効果的に運用し、人々の生活の質を高め、持続可能な経済発展を目指す都市のことである。北欧のスマートシティの特徴は、自分たちの幸せを追求する姿勢にある。「幸せ」というのは、曖昧で主観的な表現だが、どんな都市をつくりたいかを考える際には、ぜひとも取り入れたい重要なベンチマークである。

では、なぜ、北欧では自分たちを幸せにする都市づくりができるのだろうか。ここではスマートシティの背景にある、北欧の人々のマインドセットについて少し紹介したい。

北欧の人々は、この50年、「こうありたい」「こうあるべき」という自分たちの理想や欲望を素直に表明し、それを実現できる社会づくりに実直に取り組んできた。

教育においては、１９６０年代以降、権威主義的な知識の伝達、暗記中心の学習方法に疑問が投げかけられ、学習者が主体的に課題を見つけて取り組むことが重視されるようになり、教育者の役割はそれを支援することだと考えられるようになった。こうして北欧の教育は大きく変わった。

70年代には、女性の社会進出も進んだ。女性が男性と平等に扱われるのが当然だと考えられるようになり、女性の権利を保障する法律がつくられた。さらに、子供や性的マイノリティ、移民・難民など、多様な立場の人々に寛容な社会制度の整備も進んだ。環境破壊が深刻化した20世紀末には、環境を持続可能にする政策や技術を導入する動きが活発化した。

時にはそうした取り組みが急進的すぎて、見直しを迫られることもあるが、自分たちの理想や欲望を実直に追求する姿勢が今の北欧の社会をつくってきた。

北欧のスマートシティの鍵となっているのは、こうした北欧の人々が培ってきた自分たちの理想や欲望を追求する姿勢である。北欧と総称しているが、各国の人口や産業構造、社会状況は異なるし、地域の特徴も実にバラエティに富む。しかしながら、その根底に流れる、スマートシティを促進するマインドや目的は、大枠では合致している。それは、そこで暮らし、働き、訪れる人々のための街であること、生活を豊かにするものであること、環境に配慮し自然を身近に感じられること、皆が平等で民主的なプロセスでつくられることだ。

では、人々の「こうありたい」「こうあるべき」という理想や欲望を、どのように街に実装していくのか、それを本書では6章構成で紐解きたい。

1章では、北欧のスマートシティの特徴と、ここ20年間の都市の変化を七つのトピックから考察する。2章では、デジタルインフラがいかに人中心で設計され、暮らしの豊かさを高めているかを概観し、3章では情報通信・環境技術を活用した産業成長戦略について、4章では新しい産業を牽引するスタートアップのエコシステムについて紹介する。

後半の章では、スマートシティの実装を支えるプレイヤーたちが業種や組織を超えて共創する社会システムについて解説する。5章では、多様なステークホルダーをつなぎ、活動を活性化するために設けられるハブについて、6章では、北欧の民主的な社会づくりの哲学・メソッドともいえる参加型デザインやリビングラボについて紹介する。

北欧の人々は、環境も経済もサステイナブルな都市を志向している。それを実現するしくみを産業や政策で支え、さまざまな制約の中で最適解を追求した結果、社会全体でテクノロジーが活用され、それがスマートシティと呼ばれるようになった。北欧のスマートシティは、テクノロジー主導で始まったわけではなく、あくまでも人々が望む都市の姿がテクノロジーによって具現化されているにすぎない。

もちろん人々は、テクノロジーが人を幸せにも不幸にもすることを知っている。だからこそ、テクノロジーをどのように使いたいか、使わないでいたいかをとことん議論する。北欧の人々にとって、テクノロジーをどう使ってどういう街にしたいかは、行政や企業から与えられるものではなく、自分たちで決めることなのだ。

北欧のスマートシティは、自分たちの住みたい街をつくろうとする市民のボトムアップな活動と、コストを削減しつつ公共サービスの質を確保する政策を実行しようとする行政のトップダウン、そして持続可能な経済成長を目指す民間企業、この三者の真摯な協働から始まっている。こうした多様なステークホルダーがそれぞれの目指すゴールを重ねあわせた先にあったのが、スマートシティだったのである。

なお、本書で取り扱う「北欧」は、デンマーク、フィンランド、ノルウェー、スウェーデン、アイスランドの5カ国を指す。近年、バルト三国（エストニア、ラトビア、リトアニア）も合わせて「ニューノルディック」として語られる傾向があるため、従来の北欧5カ国に加えてバルト諸国も適宜紹介する。

安岡美佳

Nordic Smart City

目次

［1章］北欧のスマートシティの特徴

Nordic Smart City

近年、北欧では「スマートシティ」の取り組みが活発化している。これは、世界各地で同時多発的に起こっている現象だ。スマートシティとは、ＩＣＴ（情報通信技術）やＩｏＴ、ＡＩなどの先端技術を用いて、社会、生活、産業のインフラやサービスを効率的・効果的に運用し、人々の生活の質を高め、持続可能な経済発展を目指す都市のことである。そのようなスマートシティの取り組みは、分野によって「スマートリビング」「スマートエネルギー」「スマートエコノミー」「スマートモビリティ」「スマートビルディング」などと呼ばれたりもする。

世界で展開されているスマートシティにはさまざまな特徴があり、北欧のスマートシティは、アメリカや中国などで展開されているスマートシティとは根本的に異なっている。その違いが日本ではあまり認識されていないため、ここで明らかにしていきたい。そして、世界的に見られるスマートシティの中でも、北欧のスマートシティは市民１人１人の幸せを追求することを前提に取り組まれていることが重要な特徴だと筆者らは考えている。

本章では、北欧のスマートシティを世界的な都市づくりの潮流に位置づけるために、まずは北欧でスマートシティが進展する社会的背景、技術的背景、そして経済的背景を考察する（１節）。さらに、スマートシティによって実現しているウェルビーイングな都市の風景を七つのトピックから紹介する（２節）。

北欧のスマートシティはとてもシンプルで、人々の日常生活に根づいているものだ。都市の運営には最先端のテクノロジーが使用されているが、それは社会に溶け込んでおり、人々がテクノロジーに支配されていると感じることは滅多にない。日常の一部となったスマートシティは人々の幸福を支え、そのスマートな都市づくりの主役はテクノロジーではなく、あくまでも市民なのである。

1 北欧でスマートシティが進展する背景

社会的背景：人口増加や気候変動に伴う都市課題の解決

現代の都市は多くの課題を抱えている。その根本的な要因の一つは、人口増加と過疎・過密地域の格差である。２０１８年の国連の報告[*1]によると、現在、世界の人口の55％、欧州の人口の74％は都市に居住していると言われ、世界の30以上の都市が１０００万都市となっている。世界の都市人口は、１９５０年の7億５１００万人から、２０１８年には42億人となった。今後も人口増加、都市回帰は続き、世界中の都市の過密・大型化はさらに急速に進むと考えられている。筆者らの住むデンマークの首都コペンハーゲンには、同国の人口の約15％（80万人、２０２２年）が暮らしており、人口の増加傾向は過去10年ほど続いている。コペンハーゲン市の担当官いわく、多い月には4千人が新たに流入すると言うから驚きだ。コペンハーゲン市では人口流入による住宅不足が顕在化し、短期的な解決策としてコンテナ住居が設置されたりしている。

現在、都市の抱える問題は、交通渋滞、大気汚染、住宅不足、レクリエーション用空間の不足、雇用の確保、安全な生活環境の整備など挙げれば切りがないが、それらは今後さらに深刻化すると予想されている。このような世界的な都市の課題に対し、多くの先進国では「サステイナブルな都市づくり」という視点から解決策を模索している。

北欧諸国の都市も、こうした世界各国で見られる課題を抱えており、過去50年間、特に環境に配慮した都市づくりに積極的に取り組んできた。また、歴史的にも厳しい自然と共存してきた北欧の人たちは、環境の変化に敏感であり、気候変動による自然災害の頻発やそれに伴う政治的・産業的課題について積極的に議論してきた。興味深いのは、北欧諸国は、「サステイナブルな都市」を自らのアイデンティティや強みと捉え、戦略的に都市政策や産業政策に活用している点である。ここに北欧の戦略としたたかさが垣間見える。

国や都市を持続的に繁栄させるためには、新しい産業が欠かせない。新しい産業を起こすには優秀な人材が不可欠であり、今や、高いＩＴ技術やバイオ技術などを持つ人材の争奪戦が世界中で巻き起こっている。北欧諸国もこうした高い技術や知識を有する人材の獲得を積極的に進めている。たとえばフィンランドのヘルシンキ・ビジネスハブ（Helsinki Business Hub、当時。現在はヘルシンキ・パートナーズ、5章参照）は、ＩＴ系リモートワーカーとその家族を対象に90日間の滞在プログラムを提供し、体験移住を促進している。また、エストニアでは電子居住権「e-Residency」*2を与えることで、優秀な人材がエストニアでビジネスを展開することを支援している。コペンハーゲン市の投資支援局であるコペンハーゲン・キャパシティ（Copenhagen Capacity）も国内外の起業家や技術者などを積極的に誘致する際、ビジネス環境や住みやすさなどの街の魅力に言及している。

つまり、優秀な人材に世界中の競合都市の中から自国の都市を選択してもらうためには、法律やデジタルインフラなどの整備はもちろん、街での暮らしが魅力的であることが不可欠なのである。そのため、多くの北欧諸国では「住みたい・訪れたいと思わせる魅力的な都市づくり」に余念がない。たとえば、世界各国の生活情報を集めたサイト「NUMBEO」の「生活の質ランキング２０２２」[*3]ではデンマークが２位、フィンランドが４位、アイスランドが６位、ノルウェーが10位、スウェーデンが11位に選出されている。さらに、イギリスのライフスタイル雑誌「Monocle」の「世界で最も住みやすい小さな都市ランキング２０２１」[*4]ではデンマークのオールボーが９位、ノルウェーのベルゲンが10位に選ばれている。

技術的背景：テクノロジー活用が進んだ社会

ＩＣＴやＩｏＴといったネットワーク技術やモバイル技術の向上、そしてＡＩなどに代表されるビックデータの活用は、スマートシティの設計に欠かせない。各産業分野でコミュニケーション技術を活用したプロセスの自動化や効率化、データの積極的活用や可視化が進み、都市を舞台にさまざまなアプリケーションやサービスの実用化に向けた動きがこの数年で一層加速している。

過去を振り返ると、先端テクノロジーが社会に浸透した都市の未来図は、これまで人々にさまざまな懸念を抱かせてきた。たとえば、映画『ブレードランナー』（１９８２年、アメリカ）やオーソン・ウェルズの著書『１９８４』（１９４９年、イギリス）などの映画や書籍では、個人情報が管理され、ビック・ブラザー（独裁者）に市民が監視されるような世界が描かれた。

現在、アメリカを中心としたスマートシティのプロジェクトは、ＧＡＦＡなどの大企業が集めた都市データや個人データを活用するもので、そこに生活者の姿を見つけるのは困難だ。そうした大企業主導のトップダウン型のプロジェクトでは、個人のプライバシー侵害が不安視されている。事実、個人情報侵害への恐れはグーグルの親会社アルファベット社のグループ企業サイドウォーク・ラボ（Sidewalk Labs）が、カナダのトロントで進めてきたスマートシティ計画を中止した間接的な要因にもなった。

一方、中国で進められているスマートシティのプロジェクトは、国家が国民の行動データを把握するものである。こうした国家主導の中国型スマートシティのプロジェクトでは、街中でロボットが動き回り、街のあちこちにカメラが設置され、通りを行き交う人たちの顔認証によって彼らの関心の高い商品の広告がデジタルサイネージに表示されるといった、ＩＣＴ・ＩoＴの活用が可視化された風景が広がる。

では、北欧のスマートシティとは、どのようなものなのだろうか。北欧では、アメリカ型や中国型の可視化しやすいモデルとは異なり、スマートなシステムは市民の日常生活に溶け込んでいる。その代表が、電子政府（2章参照）に代表されるデジタルインフラだろう。北欧では、過去10年間に社会の隅々までデジタルインフラの整備が進んだことで、データ活用やＩＣＴ・ＩoＴ活用が効果を発揮しやすく、新しい技術的ソリューションやアプリケーションを受け入れるスマートシティの土壌ができあがっているのだ。しかし、それは都市の風景として目に見える形では現れないし、そうしたデジタルインフラは日常のありふれた1コマと化しており、市民がスマートシティに暮らしていると意識することはほとんどない。

一般社団法人スマートシティ・インスティテュートの南雲岳彦氏は、北欧のスマートシティを「ムーミン谷」と呼び、フィンランドのスマートシティ推進団体もそれに同意する。[*5] フィンランドの作家トーベ・ヤンソンのムーミン・シリーズの主人公ムーミンたちが住むムーミン谷は自然豊かで、牧歌的なユートピアとして描かれている。一見するとシンプルだが、幸せを生みだす仕掛けがたくさん隠されているという点が、北欧のスマートシティと似ていないだろうか。

北欧では、家庭やオフィスなどのエネルギー利用状況の可視化、自動車・自転車の交通状況の可視化、モビリティ支援、センサーテクノロジーによる屋内外の空気の正常化など、日常生活のあらゆる場面でテクノロジーが活用されている[*6]（6頁写真）。

コペンハーゲンでは、センサーで収集されたデータ分析をベースに都市の空気の清浄化を進める「コペンハーゲン・センス（Copenhagen Sense）」[*7]（図1）や室内の空気の正常化をモニタリングす

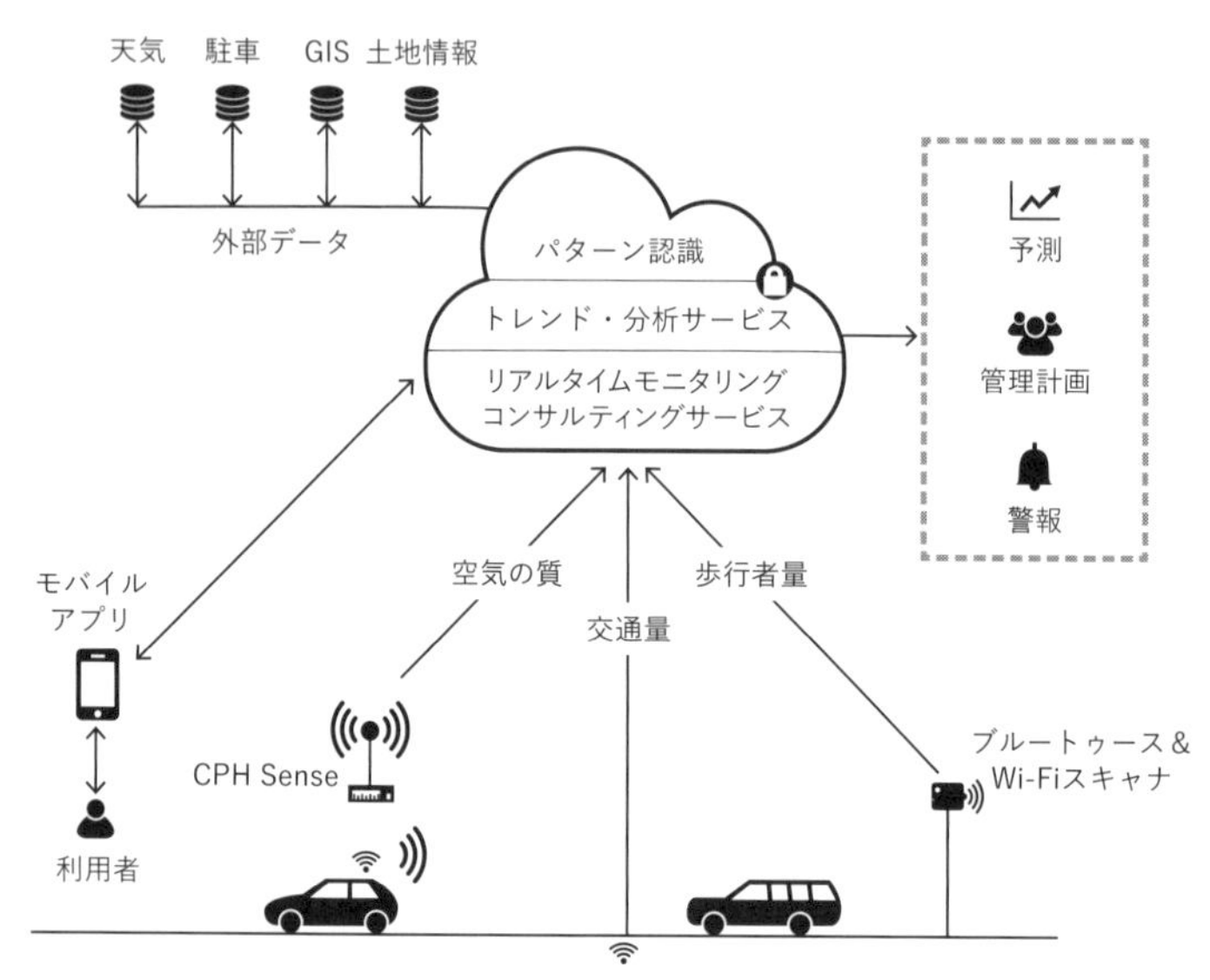

図1　コペンハーゲン・センスによるデータ収集のしくみ（上）、歩道に設置されたセンサー（下）
（出典：上／Leapcraftの図をもとに筆者作成、下／Leapcraft）

図2　室内の空気の正常化をモニタリングする、リープクラフト社の「エアバード」
（出典：Leapcraft）

るリープクラフト社（Leapcraft）の「エアーバード（AirBird）」（図2）、無人・自動運転でコペンハーゲン市内をスムーズに移動できる「コペンハーゲン・メトロ（Copenhagen Metro）」[*8]などが実装されている。

エネルギー循環を志向した都市開発が進むアマー島のウアスタッド地区（Ørestad）やノーハウン地区（Nordhavn）などでは、スマートメーターの設置によって電気や熱の利用量が可視化され、近隣住宅とのエネルギー利用の比較から効率的なエネルギー利用をアドバイスするサービスも住民に提供されている。テクノロジーには距離を置いていると思われがちなエコビレッジにおいてさえも多くの最新テクノロジーが導入され、再生可能エネルギーの活用などが進められている。*9

経済的背景：イノベーションのニーズと戦略的な支援のしくみ

北欧諸国は、自国の強みとなっている産業分野に特化する戦略をとり、同時に、将来の国家経済を維持するため、新産業の育成が不可欠と認識されており、イノベーション支援のニーズは高い。

2000年頃には、世界的なIT産業の勃興と同時期に北欧でもITスタートアップの躍進が見られ、小さな改善を積み重ねるインクリメンタル・イノベーション（持続的イノベーション）ではなく、抜本的な変革を巻き起こすラディカル・イノベーション（破壊的イノベーション）に注目が集まるようになった。*10 それから今に至るまで、20年ほどかけて、イノベーションを起こすためのしくみ＝エコシステムが行政・産業界・研究機関を巻き込んで構築され、教育プログラムや社会インフラに組み込まれている。

現在の社会は、複雑性・不確実性が高い。複雑性が高いとは、1人が生涯かけて獲得する知識では解決できない課題が山積しているということである。つまり、専門的知識を有する人材が集まり、知恵を持ち寄ってコラボレーションすることが重要となる。

また、急速に変化する社会では未来の予測は困難で、不確実性が高い。早い馬の育成ばかり考えていた人は自動車を発明することはできず、ガラケー（世界標準から外れた旧式携帯電話）の処理速度を早めることばかり考えていた人はスマートフォンを発明することはできなかった。自動車もスマホもそれまでの技術の延長線上にある（インクリメンタルな）コンセプトで考えていては誕生しえなかったのである。2021年、アメリカのジョン・ケリー気候変動担当大統領特使は、「地球を救う環境技術の50%は、今の社会には存在しない」と述べたが[*11]、それほどテクノロジーの未来を見通すことは難しい。特に、都市づくりは数十年単位で実施するものであるがゆえに、現在のコンセプトや技術で描いた未来図は、完成する頃には時代遅れになってしまう可能性が高い。

では、複雑で不確実な未来に対して、私たちはどう対応すればいいのだろうか。北欧では、この課題に対し、さまざまな知見が蓄積され、手法や方法論が実践されてきた。

たとえば、北欧で先駆的に取り組まれてきたものとして、70年代にＩＴ分野から広がった「参加型デザイン」（6章参照）、また、最先端技術の実証実験やイノベーティブな都市計画を産官学民で進める「リビングラボ（Living Lab）」（6章参照）などがある。コラボレーション（協働）、コクリエーション（共創）などをキーワードに、戦略的に展開されてきたイノベーションを支援するしくみは、デザイン立国としての国際的な知名度の獲得や、スタートアップ育成・イノベーション支援を行う組織の設立、各種教育プログラムとして、目に見える形で結実している。

2010年頃には、社会課題を解決する新しいテクノロジーのニーズが顕在化されたことで、これまで以上にスタートアップやイノベーションに注目が集まるようになった。フィンランドの「Slush」（2008年）、エストニアの「Latitude59」（2015年）、デンマークの「TechBBQ」

図3　2018年9月にコペンハーゲンで開催されたTechBBQにはデンマーク皇太子（中央左）、スウェーデン王女（中央右）も来場（出典：TechBBQ）

（2012年）などのスタートアップの祭典が立ち上げられ（図3）、スタートアップ・コミュニティが相互支援を強め、拡大するようになったのもこの頃からである。現在では、イノベーションに挑戦する団体や企業、個人が活用できる公的・民間資金も多数用意されている（4章参照）。こうした外部資金を活用することで、革新的なアイデアを持つ者が、資金リスクを回避しつつチャレンジし、先達のアドバイスをもらって飛躍するというエコシステムが構築されている。

これまで述べてきたように、スマートシティにつながる社会的・技術的・経済的な背景は、すでに数十年前から北欧に存在していた。そして、この戦略的なしくみは、次第に社会・教育・産業などの現場に根づき、イノベーションのエコシステムを形成している。そう考えると、世界の他地域に先駆けて、北欧でスマートシティが進展しているのは、なんら不思議なことではない。

2 ウェルビーイングな都市づくり

北欧のスマートシティは、そこに生きる人たちのウェルビーイング（Well-being。身体的、精神的、社会的に良好な状態であること）の向上を目指している。だからこそ、北欧のスマートシティには、人々の身体的・精神的・社会的環境を充実させるため、持続可能かつ民主的な市民社会の実現が欠かせない。本節では、こうした北欧の市民社会によって実現されてきた都市の風景をいくつか紹介したい。

ウォーカブルな街

北欧のスマートシティはウォーカブルである。ウォーカブルな街とは、ついつい歩きたくなってしまい、目的地までの過程も楽しめるような街である。そのような街では、歩くのに特別な目的は必要ないのかもしれない。面白い店を覗いてみたり、美しい景色を楽しんだり、街角で出会った人と言葉を交わしたり、そんなちょっとした楽しみが生まれるようなストリートの再編が北欧の各都市で進められている。

たとえば、コペンハーゲンでは、市の環境政策や建築家ヤン・ゲールの働きかけもあり、歩行者・自転車利用者中心の都市づくりが進む。人通りの多い中心市街地では、双方向車線があった車道を一方通行のみにするか自動車を乗り入れ禁止にし、代わりに歩道の幅を拡張したり、自転車優先道路を敷設している。また、海沿いの旧工場地帯では、水辺や運河を整備し、環境に配慮した住宅の建設を進めている。そこでは、流れる水や木の葉のささやきを聴きながら散歩を楽しめるなど、街中にいながら自然を身近に感じる生活を送ることができる。

スウェーデンの首都ストックホルムは、その名の通り「ウォーカブルシティ（Walkable City）」を政策に掲げている（図4）。都心部に市民が必要とする機能を集約させ、徒歩で回遊できる街のデザインを進めている。フィンランドの首都ヘルシンキも同様に、徒歩で移動できるコンパクトな都市づくりを進め、車よりも公共交通機関を利用したくなるようなユーザー・エクスペリエンス（UX）が志向されている。今では、生活者だけでなく観光客にも喜ばれるトラムやバスなどの公共交通機関も充実するようになった。ノルウェーの首都オスロは、2015年から他国に先駆けてガソリン車の乗り入れを禁止するカーフリー政策を実施している。路上駐車場を廃止し、歩行者にやさしく、景観を向上させる都市づくりが進められている。

図4　ストックホルムの歩きやすいストリート

サステイナブルな再開発

海に囲まれた北欧では海運業が発達し、20世紀初頭には造船業も盛んだった。当時は、輸出入の利便性や資源利用の観点から重工業系の工場が沿岸部に集積していた。その後、コンテナ船の大型化に伴い貿易港は一部の大型港に集約され、造船業や労働集約型の重工業の拠点は東欧やアジア諸国に移行した。その結果、北欧諸国の海岸地帯に残されたのは、使われなくなった古い港と汚染された工場跡地だ。ここ20年ほど、人口流入が進む北欧首都圏では広大な港や工場跡地は立地の良さから再開発の対象となってきた。

スウェーデン南部に位置するマルメ市の旧造船所跡地の再開発エリア「ボーゼロワン（Bo01）」（Boは住居という意味）は、北欧のサステイナブルな再開発の端緒となった（図5）。かつて工場地帯だったことから土壌汚染などが深刻化していたが、2001年に再開発が行われ、エネルギー供給を100%再生可能エネルギーで賄う3万人の居住エリアに生まれ変わった。自然環境への配慮に加え、自然光を最大限取り入れた住宅デザインが注目され、環境問題に関心が高い住民がこぞって集まる人気の住宅地となっている。

同じくスウェーデンの「ストックホルム・ローヤル・シーポート（Stockholm Royal Seaport）」も、サステイナビリティに注力した再開発エリアである（図6）。欧州の中でも有数の大規模プロジェクトの一つで、2030年の完成時には1万2千戸の住宅、3万5千のオフィススペースが整

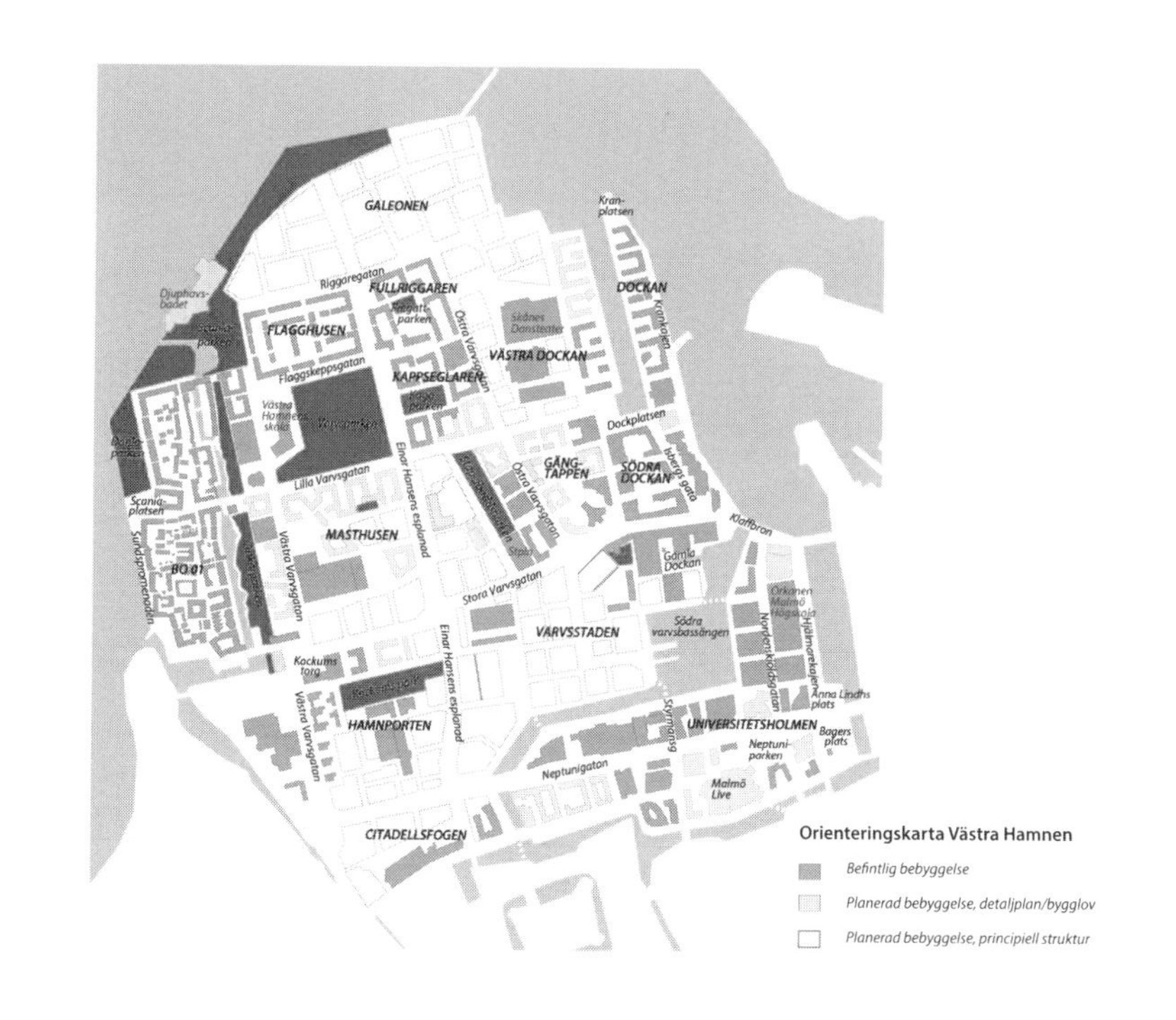

図５　マルメのサステイナブルな再開発エリア、ボーゼロワン（出典：City of Malmö）

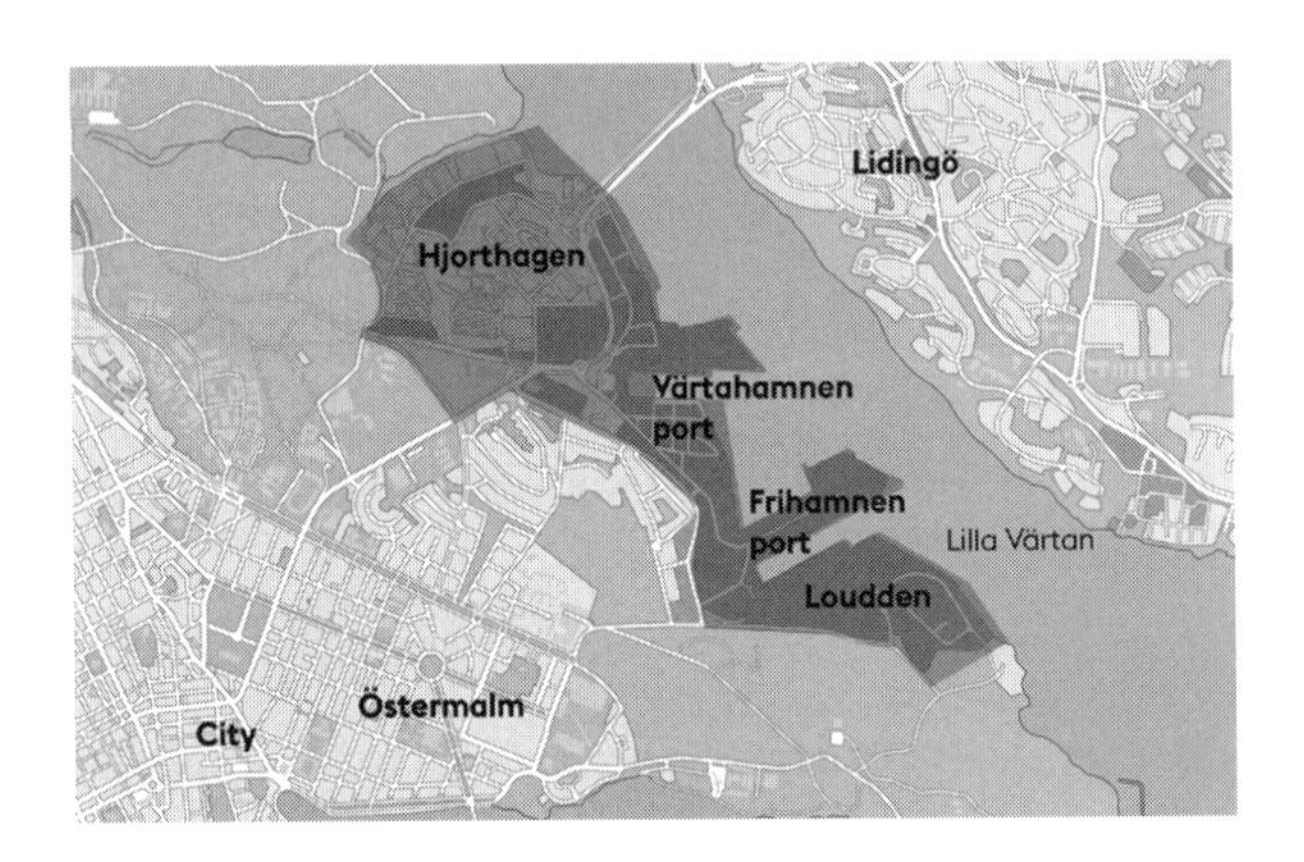

図 6　2030 年完成予定のストックホルムの再開発エリア、ストックホルム・ローヤル・シーポート
（出典：ADEPT + Mandaworks）

図7　コペンハーゲンの再開発エリア、ノーハウン地区。
手前の星形の建築が北欧で最もサステイナブルな建物の一つと言われる UN City
（出典：©Daniel Rasmussen ／ Copenhagen Media Center）

備される計画となっている。職住近接のコンセプトに基づきエリア内に住居、オフィス、ショップ、エンターテインメント施設が揃う予定である。

コペンハーゲン北部に位置する「ノーハウン（Nordhavn）」はコンテナの荷上げに使われていた場所が2013年に再開発され、一角には北欧で最もサステイナブルな建物の一つと言われるUN City（11の国連機関が入居する国連地域本部）が建つ（図7）。このエリアの住宅には、全戸にスマートセンサーが設置され、各家庭での電気利用の可視化によるエネルギー効率化が進められている。2020年には、4千戸に住民が移住し、計画の拡大が進行中だ。

そのほか、スウェーデンの「ハマビュー・シュスタッド（Hammarby Sjöstad）」（2020年）、ノルウェーの「ピレストラーデ公園（Pilestredet Park）」（2003年、エリアの再開発は2000年代にかけて実施）など、北欧の多くの都市でサステイナブルな再開発が進められている。北欧では、人口流入に伴う現在の都市の課題に対し、過去の産業遺産を活用しつつ、継続的な経済発展と生活環境の両立を図るという、サステイナブルな解決方法を模索する方向に大きく舵を切っている。

自然と近接したライフスタイルの創出

工場や生活の排水が海や土壌に垂れ流されていた1970年代、北欧の海岸にはヘドロが溜ま

図 8　コペンハーゲンのイスランズ・ブリュッケ地区の海水浴場。
エリアは囲われ、船は入ってこない
（出典：©Nicolai Perjesi ／ Copenhagen Media Center）

り、海洋汚染が深刻な問題となっていた。1980〜90年代には、周辺海域で魚がとれなくなるほど汚染が進み、漁業が一時的に衰退するまでになった。しかし現在では、多くの北欧諸国の沿岸部は輝きを取り戻しつつある。

コペンハーゲンのイスランズ・ブリュッケ地区（Islands Brygge）は、70年代の汚染された港が活気溢れる海沿いのエリアへと変貌した成功例の一つだ（図8）。水辺の再開発と海域整備を通して、都心にありながら泳げるレベルにまで水質が改善し、2002年の夏には海水浴場もオープンした。このエリアには公園やカフェ、文化施設が整備され、市民の憩いの場になっている。

同様に、デンマークのヘルシンボー市で2035年に完成を目指す「ヘルシンボーHプラス（Helsingborg H+）」は、旧港湾地区を1万人の住居・エンターテインメント・イノベーション産業のエリアに変容させるプロジェクトである（図9）。11世紀の政府資料にも登場するヘルシンボー市は、古くから地政学的な要所として栄え、港湾・工業地域として発展した。再開発にあたり老朽化した排水システムを取り除き、最先端の浄水・下水システムを導入して水質の向上を図り、水辺のレクリエーションを促す環境を創出している。

近年、海辺以外にも林や森と近接する郊外都市が再評価され、再開発が進められている。フィンランドのエスポー市近郊に開発された田園都市「タピオラ（Tapiola）」では、旧来の田園都市の特徴を維持しつつ再生が進められている。以前は交通の便が悪く、陸の孤島のようであったが、2017年のメトロ開通、2019年のバス路線開設を経て、格段にアクセスしやすくなった。同

左頁：図9　2035年完成予定のヘルシンボーの再開発エリア、ヘルシンボーHプラス
（出典：ADEPT＋Schønherr）

図10　エルシノアにある自然と近接した住宅地フレデンスボー・ハウス。各住戸は自然に溶け込む色合いを基調としている（出典：©Andreas Trier Mørch ／ Arkitekturbilleder.dk）

時に、文化・スポーツ都市としての特徴を強化し、アートイベントの誘致、スポーツ施設や歩道・自転車道路の整備を進めている。辺境にあった郊外都市は現代のライフスタイルにマッチした田園都市へと生まれ変わった。

同様に、自然に近接した暮らしをコンセプトとして再生された郊外都市は、スウェーデンやデンマークにも見られる。1930年代にストックホルム近郊につくられた「ラードゥゴーズイェーデット（Ladugårdsgärdet）」（野原という意味）は、その名前からも想像できるように、豊かな緑地を特徴とする人口1万人の住宅地である。夏には、広大な緑地を活用した音楽・スポーツイベントなどが開催されている。近年、老朽化が進んでいた住宅のリノベーションが行われ、新たな居住者を増やしている。

1950年代にデンマークのエルシノア市につくられた「フレデンスボー・ハウス（Fredensborghusene）」も自然と近接した住宅地である。公共空間のエリアと住宅のエリアが絶妙なバランスで調和するように設計され、日本庭園の借景にもつながる、自然に溶け込む住宅デザインが施されている（図10）。

最新技術で快適な室内環境を実現[*12]

現代社会において、私たちは1日の約90％をオフィスや学校、自宅、電車、スーパーなどの室内環境で過ごしていると言われる。1日の大半を、照明の光を浴び、コンピュータやスマートフォンの画面を眺め、空調がきいた空間で過ごしているのである。

寒く暗い冬が長く続く北欧では以前から、太陽光が精神的な健康に与える影響について多くの研究が蓄積されてきた。さらに近年、室内環境が健康や生産効率など、人体にどれだけ影響をもたらすのかに注目が集まっている。快適な室内空間は、人々に活力を与え、生産効率を高め、精神的健康に良い影響を与えるということが科学的に実証されつつある。室内環境というのは、太陽光と照明などの「光」、自然換気とエアコンなど機械換気の「温度・湿度」、空気中の二酸化炭素の量などから計測される空気の「鮮度」、さらに外部や機械などから漏れる「音」などで構成される。これらのエレメントは、自宅での生活、オフィスでの労働に大きな影響を与える。

近年注目されるスマートビルディングとは、IoT機器を利用して集めた温度・湿度などの情報をAIが分析することによって、空調システムを快適かつ省エネにコントロールする建築のことで、北欧ではオフィスや図書館、学校、マンションなどにも適用されるようになっている。

近年、空気中の二酸化炭素濃度が学習効率に影響を与えることが広く知られるようになったことから、ヘルシンキの公立学校では、歴史的建造物である校舎をリノベーションし、最先端の換気システムを導入した。建物内に設置されたセンサーが室内環境を監視し、二酸化炭素濃度が上昇した際にはアラートを鳴らすなど、教室内の環境を適切に保つ仕様になっている。この換気システムは、2018年にオープンした「ヘルシンキ中央図書館オーディ（Oodi）」（5章参照）でも導入されている。

さらに最近のスマートビルディングでは、完全に自動化された室内環境を設計するのではなく、自分で窓を開けたり、カーテンを下ろしたり、エアコンの温度を設定するなど、使い手側がアクティブに自分の快適さを調整できるしくみも併設されている。

2018年にオープンしたコペンハーゲンのイノベーションハブ「ブロックス（BLOX）」にも、最新の空調設備とIoT機器が導入されており、BMS（ビルディング・マネジメント・システム）と連動することにより、1年中オフィスで快適に過ごせるように管理されている（図11）。使い手がコントロールできる部分もデザインされており、ガラスのファサードの一部に付けられた取手を使えば、外の風を取り込めるようにもなっている。また、室内に取り付けられたアルミ製のルーバーは、直射日光によってコンピュータの画面が見えづらくなるグレア現象を防ぐため自動的に開閉するように制御されているが、これも使い手自身が開閉することができる。

コロナ禍において、世界中の人々が室内で過ごす時間がこれまで以上に増加した。冬が厳しい北

図 11　コペンハーゲンのブロックスの室内は最新技術によって快適にコントロールされている
（撮影：蒔田智則）

欧に住む人々にとって、快適な室内環境を追求することは、何世紀にもわたる切実な課題であり、この分野の先駆者ともいえるかもしれない。

実験を重ねて製品・サービスを開発

人々の生活に新しいＩＣＴを活用したサービスや製品を導入することは、必ずしも簡単なことではない。たとえ、そのＩＣＴが生活を便利にし、人々がそのサービスやコンセプトに共感したとしても、実際に利用するかどうかは別問題だからだ。どうすれば、多くの人に使ってもらえる新しい製品やサービスを開発できるのだろうか。

この問いに対する一つの解決策は、初めは小規模に必要最低限な機能のみ備えた製品やサービスを実験的に生活に取り入れ、さまざまな可能性を模索しながら、継続的に改良に取り組むという方法である。このようなインクリメンタルな製品・サービス開発手法を、実際の都市を舞台に適用する試みが北欧では多数行われている。都市の一部をＩＣＴの実験場に仕立て、そこで生活する人や働く人たちと共に新しいサービスの可能性を模索するという「リビングラボ」（6章参照）の試みである。北欧のスマートシティでは、街そのものが新たなＩＣＴの実験場になっているのだ。

ヘルシンキ東部の都市開発エリアである「カラサタマ（Kalasatama）」は、10年前から開発が始まり、２０３０年には人口2万人の居住地区となる予定だ（2頁写真）。カラサタマの一部ではす

上：図 12　ヘルシンキの再開発地区カラサタマは最新技術を使った製品やサービスを実験するリビングラボ
下：図 13　コペンハーゲン・ストリートラボで設置された交通状況を把握するためのセンサー（出典：Copenhagen Solutions Lab）

でに住民が生活しているが、そのエリアをリビングラボと位置づけ、医療や最先端の廃棄物処理、スマートパーキングなど生活に必要なさまざまなサービスにテクノロジーが活用されている（7頁上写真、図12）。

コペンハーゲン市の「コペンハーゲン・ストリートラボ（CPH Street Lab」も２０１６～18年に社会実験が実施されたリビングラボである（図13）。市は、ゴミ回収処理、大気汚染対策、都心の自然保護に関連するプロジェクトを公募し、産業界や研究機関、住民たちを巻き込みながら、市内の２本の基幹道路を軸に、Wi-Fiやセンサーを設置し、多様な実験を試みた。

強みである産業・技術から生まれるイノベーション

北欧には、ニッチではあるが世界的なマーケットシェアを誇る歴史的な産業の集積地があり、スマートシティに取り組む際にもそれらの産業の資源や技術を最大限に活用している。

たとえば、北欧諸国は歴史的に海運業が盛んであるが、デジタル化が遅れている産業の一つであり、データ活用による改善の余地が大きいと考えられている。

現在、ヘルシンキでは、「フィンランド海運モビリティ（Finland Maritime Mobility）」という施策を掲げ、スマートでクリーンな船舶、スマートハーバーやスマートロジスティックスを推進し、世界の海運のハブとなることを目指している。船舶・港・航海ルートの情報などを集積し、気象情報などと掛けあわせ、ディープラーニング（深層学習。脳の神経回路を模したしくみで大量の情報をコンピュータに学習させる手法の一つ）技術を使って港利用の最適化を図るプロジェクトが注目されている。

デンマークは、海運関連産官学ネットワーク「ブルー・デンマーク（Det Blå Danmark）」が、ディープテック系企業（先端技術を社会課題解決のために用いる技術系企業。スタートアップを指すことが多い）を勢いづけている。たとえば、セレティクス社（Sealytix）は、コンテナの最適な積み付けや収益の最適化を図るスポット販売価格・入札価格の設定アルゴリズムを開発する事業を手掛けており、専門家の長年の経験と知恵に依存している業務に最先端技術や科学を活用する点が特徴だ（図14）。また、海運における課題の一つであるエネルギー分野では、環境にやさしいエネルギー利用法が模索され、２０２１年には、海運業界の脱炭素化を目指す「ゼロ・カーボン・シッピング（Mærsk Mc-Kinney Møller Center for Zero Carbon Shipping）」と呼ばれる組織が立ち上げられている。

デンマークのオーフス市は、港湾エリアの全域を、自動運転車・船・ドローン等を対象としたＧＰＳ技術の研究・開発テスト地として活用する「ＴＡＰＡＳ（Testbed in Aarhus for Precision Positioning and Autonomous Systems）」プロジェクトを実施している（図15、16）。海運と情報通信分野で注目されるオーフス大学は、国内外から企業や研究者を呼び込み、人々が行き交うビジネスの中心地である港湾地区を大胆に活用した実証実験を進めている。

CityShark

Drone-based autonomous solid waste and oil spill removal system

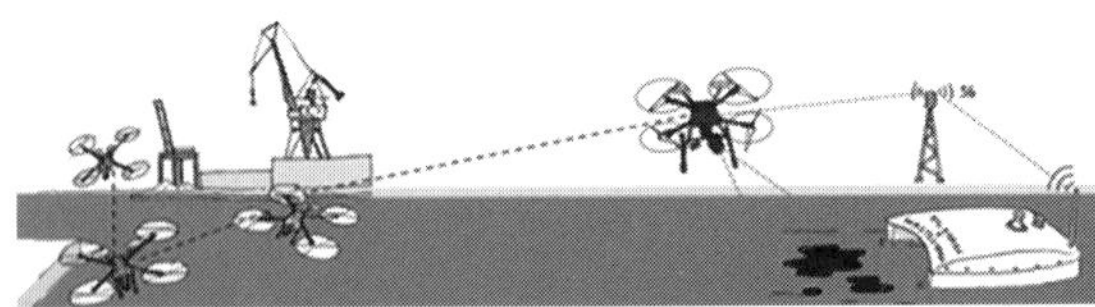

上：図14　デンマークのセレティクス社のコンテナ積み付け自動化ソリューションを見る筆者
中：図15　オーフス市のTAPASプロジェクトで海辺の油やゴミを自動収集するアプリケーション「シティ・シャーク」（出典：The Danish Agency for Data Supply and Efficiency）
下：図16　TAPASプロジェクトでドローンなど海洋のデジタルアプリケーションと通信するアンテナ（出典：©Per Lundahl Thomsen DTU ／ DTU Space）

多様な市民が参加しやすいプラットフォームの設計

北欧のスマートシティでは、そこに暮らす市民が主体的に関わっている。だが、これはスマートシティに限ったことではない。北欧では、昔から、市民参加を推進するため、行政によるさまざまな工夫がなされ、市民の多くが都市づくりに関わってきた。新しく建設する公共建築に関するヒアリングの日程や下水管工事等のニュースが、目抜き通りの立て看板で告知されたり、市民の自宅に郵送されることもある。今では、オンラインでヒアリングを行ったり投票を受けつけるスマートな方法でも市民参加が促されている。

デンマークのロスキレ市の「ムジコン（Musicon）」は、かつての工業地帯が再開発され、スポーツ・文化施設、レストラン、美術学校、住宅、スタートアップ企業のコワーキングスペースなどが集積する（図17）。地区の所有者であるロスキレ市は、意図的に再開発計画を詳細に定めず、市民がつくるコミュニティに利用方法や開発を委ねており、それによって、市民は自由な発想で、絶えず変化するクリエイティブな地区をつくりあげている。

アイスランドでは、都市づくりにおいて市民から多くの提案が寄せられる。その市民参加の基盤となっているのが、スマートプラットフォーム「ベター・レイキャヴィク（Betri Reykjavik）」である（図18）。ベター・レイキャヴィクは、２００８年に開始されたオンライン投書箱であり、市民からの声を積極的に集め、都市づくりに反映させてきた。今や、市民の60％がプラットフォーム

図 17　ロスキレのクリエイティブな再開発エリア、ムジコン
（出典：Roskilde Municipality）

左頁上：図 18　市民の声を集めるアイスランドのオンライン投書サイト、ベター･レイキャヴィク。投書数などが一目で確認できる（出典：Betri Reykjavik）
左頁中：図 19　非常にシンプルなデンマークの署名収集サイト、スクリヴナー（出典：Skrivunder）
左頁下：図 20　オンラインゲームのマインクラフト上に再現されたキルナの街（出典：Lantmateriet）

Hér getur þú skrifað þínar hugmyndir, athugasemdir og ábendingar um endurgerð Laugardalslaugar í þeim flokkum sem hér er...

22 6 42

Vinna við mótun atvinnu- og nýsköpunarstefnu Reykjavíkurborgar til ársins 2030 er að hefjast. Núgildandi atvinnustefna v...

3 1 16

Kosningu í Hverfið mitt lauk þann 14. október síðastliðin - hér má sjá niðurstöður kosninga: https://reykjavik.is/nidurs...

1,316 1 10,549

Stúdentaráð vill heyra hugmyndir frá nemendum skólans og veita nemendum tækifæri á að ákvarða hvaða málefni Stúdentaráð ...

56 1 705

Skrivunder.net DA ▾ Start en Underskriftindsamling | Nyeste Underskriftindsamlinger | Log ind | Registrér | Kontakt Os | Underskriftindsamlingens

Set denne annonce flere gange
Ikke interesseret i denne annonce
Annoncedækket indhold
Du har allerede købt dette

Vi leverer et gratis online underskriftsindsamlingsværktøj til at oprette og signere underskriftsindsamlinger.

Start en social bevægelse ved at oprette en andragende.

- **Opret en underskriftsindsamling**
- **Indsaml underskrifter**
- **Skab et aktivt fællesskab omkring din underskriftsindsamling**
- **Lever din underskriftsindsamling til beslutningstagerne**

Mest Populære Underskriftindsamlinger | Nyeste Underskriftindsamlinger

Altid | **24 timer** | 7 dage | 30 dage | Sidste måned | 12 måneder | Dette år (2022) | 2020 | 2019 | 2018 | 2017 | 2016 | 2015 | 2014 | 2013 | 2012 | 2011

Stop Ny EU-forordning

Ny EU-forordning ændrer din dyrlæges behandlingsmuligheder Indtil nu har din dyrlæge kunne tilpasse behandlingen til netop til dit dyr. Men fra i dag 28. januar skal dyrlægen behandle nøjagtigt efter producentens angivelser og kan ikke tilpasse...

Oprettet: 2022-01-28 Statistik

Red bygningsværket Ringbo

Det ikoniske bygningsværk Ringbo i Bagsværd står til nedrivning inden længe, selvom eksperter har vurderet, at Ringbo sagtens kan genanvendes og ombygges til f.eks. boliger. Fredning afvist Bygningsværket, der er tegnet af arkitekten Hans Christian Hans...

を活用するまでになり、すでに200以上のプロジェクトが実施されている。

オンラインプラットフォームを活用して市民の声を集め、都市づくりに反映させるという試みは各国で見られ、デンマークの「スクリヴナー（Skrivunder）」は、オンラインで問題を提起し署名活動を行い、実際に公園の撤去計画を白紙に戻したり、高層ビルの建設を中止させたりしたこともある（図19）。

また、少し変わった例としては、スウェーデンのキルナ市で実施されている、オンラインゲーム「マインクラフト（Minecraft）」を活用して市民の意見を収集するサービスがある（図20）。ゲーム会社モヤン社（Mojang Studios）と公営の都市計画に関わる住宅公団が共同で実施している取り組みだ。プラットフォームとしてマインクラフトを活用した参加型デザインツール「My Blocks（箱庭ゲーム）」を導入し、近隣住民はマインクラフト上で自らの都市計画のアイデアを持ち寄る。デジタルと市民参加の融合が見られる興味深い例である。

市民が都市づくりに積極的に関われるように、北欧が採用する方法はシンプルだ。多様な人々が集まりやすく、実空間でのアクティビティを活性化させるような数々のしくみを、デジタルを活用して人々が使いやすい方法で組み込むことである。それはデンマークのムジコンのように、時にデジタルとフィジカルが相互補完するハイブリッドなものになることもある。このように物理的に、ときにはヴァーチャルに多様な価値観を持つ人々が集まり意見を出しあうことで、さまざまな交流や活動が起こり、イノベーションが創発されるという良い循環が生みだされている。

［2章］デジタル化が暮らしを変える

Nordic Smart City

医療・保険	環境	産業・製造	政府・自治体	金融
電子カルテ 医療支援 健康支援 医療ロボット	モビリティ スマートホーム スマートメータ	産業ロボット 通信 ロジスティック	電子政府 ICT 教育	自動納税 フィンテック 電子商取引

ICT インフラ
ブロードバンドネットワーク・通信・個人番号・電子署名・電子取引

社会づくりの哲学
アクティブラーニング・参加型デザイン・共創・リビングラボ

図1　デンマークのデジタル国家のしくみ

北欧でスマートシティを進めるための最も大きな原資となっているのは、整備が進むデジタルインフラとそこで収集された各種データである。世界でも先駆的な電子政府をはじめ、今や北欧のデジタル化は産業や人々の日常生活に広く普及している。では、デジタル化やオープンガバメント、オープンデータは、暮らしをどう変え、スマートシティを形成してきたのだろうか。

社会民主主義国家である北欧諸国は、政府が政治・医療・介護・教育・福祉分野全般のサービスを担っている。そのため、国が主導する公共サービスに限定しても、デジタルインフラの整備は社会全体に影響する。そして今、国が率先して構築してきた強固なデジタルインフラは、産官学民による共創のしくみ（6章参照）に支えられ、各産業分野において、基礎技術やアプリケーションの開発が加速している（図1）。

日本も世界トップレベルのICTを有しているが、日本と北欧では、その技術を活用している分野が大きく異なる。日本は、書籍や映画、ニュース記事の配信や友達同士のチャットなど、どちらかと言えば娯楽やコミュニケーションのツールとしてＩＣＴは発展してきた。一方、北欧では、公共手続き・教育・医療等、生活に不可欠なツールとして発達してきた。

北欧では、デジタル化により行政サービスの効率化が進み、公共データは、匿名化されたパーソナルデータや都市データなどと掛け合わされてオープンデータとして、行政だけでなく民間活用も進みつつある。データが社会基盤の一つとなり、国や都市の成長の源泉となっているのである。

磐石な技術・社会インフラに支えられ、今、北欧諸国はデータ活用やＩＣＴ・ＩoＴ活用において国際的にも優位な立場にある。社会全体に整備されたデジタルインフラから最新かつ正確なデータが取得され、それらはさまざまな分野で利用できるように連携されている。さらに、新しい技術的ソリューションやアプリケーションを受け入れる土壌が整っていることで、データをすぐに新規事業開発や、エビデンスに基づいたサービス向上に結びつけることができる。一方で、たとえ優れたデジタル技術を持ち、各分野・各組織でデータ基盤が充実していても、それが個別の分野や組織を超えて連携されていなければ、つまりオープンデータ化されていなければ、効率化や社会的インパクトの面で効果は薄く、国の成長にはすぐにはつながらない。

本章では、電子政府政策を皮切りに、いかに北欧のデジタルインフラの整備が進んでいったか（1節）、そして、それがいかに人々の生活を支えているか（2節）をご紹介したい。さらに、このようなデジタルインフラが整い、オープンデータ化が進められることで、いかに社会のレジリエンスが高まっているかをコロナ禍を例に考えてみたい（3節）。加えて、デジタル化を導入する際に必ず問題となるデジタル・デバイド（4節）やプライバシーとセキュリティ（5節）について北欧がどのように対応してきたかについて述べる。そして、北欧の人々がテクノロジーをどのように使うかを追求するなかで生まれた「人を幸せにするテクノロジー」の実装事例（6節）について紹介したい。

1 電子政府の進展

北欧諸国は、近年、国際的な電子政府指数で高評価を維持している。2020～22年に発表された国連の電子政府ランキング（E Government Survey）、EUの電子政府指数、早稲田大学の世界電子政府指数のいずれの調査においても、北欧諸国は上位を占めている（表1）。

国連の電子政府ランキングは、「オンラインの公共サービスの質」「情報通信インフラ」「人的資源」の三つの指標から複数領域を分析しており、日本を含めたトップ14カ国が上位国として挙げられている。北欧勢を見てみると、デンマーク1位、エストニア3位、フィンランド4位、スウェーデン6位、アイスランド12位、ノルウェー13位と続く。評価内容を細かく見ていくと、北欧諸国の電子政府は、三つの指標のどれもすべて高いが、特にデンマークの電子政府は「最も安全である」「集約されている」「シンプルで使いやすい」という点が高く評価されている。

	国連 電子政府ランキング (2020)	EU 電子政府指数 (2022)	早稲田大学 世界電子政府指数 (2021)
1	**デンマーク**	マルタ	**デンマーク**
2	韓国	**エストニア**	シンガポール
3	**エストニア**	ルクセンブルク	イギリス
4	**フィンランド**	**アイスランド**	アメリカ
5	オーストラリア	オランダ	カナダ
6	**スウェーデン**	**フィンランド**	**エストニア**
7	イギリス	**デンマーク**	ニュージーランド
8	ニュージーランド	**リトアニア**	韓国
9	アメリカ	**ラトビア**	日本
10	オランダ	**ノルウェー**	台湾
11	シンガポール	スペイン	オーストリア
12	**アイスランド**	ポルトガル	**スウェーデン**
13	**ノルウェー**	オーストリア	**フィンランド**
14	日本	ベルギー	オランダ

表1　世界の電子政府ランキング

	国土面積	人口	GDP	1人あたりGDP
デンマーク	42,920	581,855	345,992	59,347
フィンランド	338,450	552,031	277,873	50,247
ノルウェー	625,222	534,790	366,402	68,117
スェーデン	447,430	1,028,545	556,182	53,719
日本	337,974	12,626,493	5,346,540	42,386

表2　北欧諸国の基礎データ（出典：World Bank、2019、OECD、2019）

ランキング／指数	発行年	デンマーク	フィンランド	ノルウェー	アイスランド	スウェーデン	日本
ネットワーク成熟度指数	2021	3	5	9	25	2	16
国連電子政府ランキング	2020	1	4	13	12	6	14
世界競争力ランキング	2020	20	19	8	7	4	5
競争力ランキング	2021	3	11	6	21	2	31
世界イノベーション指数	2021	9	7	20	17	2	13
世界的人材ランキング	2021	5	12	4	4	5	39
世界繁栄指数	2021	1	4	2	10	3	19
平和度指数	2020	3	13	14	1	15	12
国連脆弱国家指数（脆弱でない指数）	2020	175 (4)	178 (1)	177 (2)	174 (5)	172 (7)	158 (21)
国連 SDGs指数	2021	2	3	7	29	1	18
幸福度指数	2021	3	1	8	4	6	40
ジェンダーギャップ指数	2022	32	2	3	1	5	116
スマートシティ指数	2021	7（コペンハーゲン）	6（ヘルシンキ）	3（オスロ）	-	25（ストックホルム）	84（東京）

表3　北欧諸国の国際ランキング一覧
（出典：Network Readiness Index、国連、World Economic Forum、IMD Business School、Legatum Institute、Institute for Economy and Peace、World Economic Forum、Sustainable Development Solutions Network）

また、表2、表3で示すように、北欧は国民の1人あたりGDPが高く、さらに電子政府ランキング以外でも、さまざまな世界ランキングで上位を占めている。「世界イノベーション指数（Global Innovation Index）」「世界競争力ランキング（World Competitiveness Ranking）」「世界的人材ランキング（IMD World Talent Ranking）」「（政府の統治力が弱い）脆弱国家指数（Fragile States Index）」「幸福度指数（World Happiness Report）」などで、おしなべて上位となっている。分析結果を見ると、「政府の効率性」「効果的な教育システム」「ビジネスにおける効率」などが評価されており、デジタルインフラが整っていることが大きな強みとなっていることがわかる。

小国にもかかわらず、国際ランキングで上位にランクインする北欧諸国は、いかにして現在の地位を獲得するようになったのか、デジタルインフラという切り口から見ていこう。

電子政府政策の始まり

1996年にアメリカのクリントン政権が高速通信回線網を全米に構築する「スーパーハイウェイ構想」を提唱した。その後2001年に、日本政府は電子政府政策として「Eジャパン戦略」を発表した。北欧諸国も、2000年代初めにかけて電子政府政策を掲げた。出発点は、日本も北欧諸国も変わらない。

デンマークでは、２００１年にデジタル戦略「すべての人のためのＩＴ（IT For All-Denmark's Future Which Promotes Digital Cooperation Among Public Sector）」が打ち出された。その後、約4年おきに電子政府政策が更新され、その都度目標領域を定めている。

フィンランドは、１９９５年に「情報化社会に向かうフィンランド国家戦略（Finland-Towards An Information Society）」を掲げ、その後も国家プログラムを策定し、２０１７年には「第3次オープンガバメントアクションプラン」で２０３０年までの公共サービスのデジタル化の道筋を示した。

ノルウェーは、１９８２年の国家ＩＴ政策の策定を皮切りに、２０００年代前半に個人データ・電子署名・電子通信に関する法的枠組みを整備し、２００５年に行動計画を策定した。２００９年には個人電子ＩＤを導入し、２０１４年に公共データベースを開設するなど、電子政府による行政の効率化をを行ってきた。

スウェーデンは、結婚や出産、就職や退職などの人生の大きなイベントに合わせた公共サービスの枠組みを構築してきた。また、２００５年には生体認証ＩＤの導入、金融で利用されてきたセキュリティの高いＩＤシステムの共同利用を進めるなど産業界との連携も強めている。

ちなみに、近年急速にデジタル化を進め注目されているエストニア[*1]は、２０００年の電子納税システムを皮切りに電子政府政策を進め、社会基盤となるデジタル認証や電子投票・電子納税・ビジネスのデジタル化支援などを充実させてきた。エストニアはデジタルガバナンスにおいて世界をリードし、2005年には世界初のインターネットによる総選挙を実施した。[*2] 2014年にはエストニアに居住していない人でも、エストニアのデジタルIDとデジタルサービスが付与されるデジタル身分証明システム「e-Residency」(電子居住権)を導入したのは前述の通りだ。

また現在、北欧諸国内では、デジタル化の次のステップとして、国を超えた連携が模索されている。たとえば、2016年から「北欧スマートガバメント(Nordic Smart Government)」[*3]と呼ばれる北欧諸国間の共同プロジェクトが進められ、公共・民間データの相互運用・相互交換のルールづくりが着々と進められている。具体的には、アイスランド、スウェーデン、デンマーク、ノルウェー、フィンランドの税務局が連携して進めている「北欧eTax(Nordisk eTax)」がある。また、データ交換のしくみとしてエストニアが始めた「エックスロード(X-Road)」は、フィンランド、フェロー諸島(デンマーク領)、アイスランドで採用されている。

電子政府サービスの概要

北欧諸国では、この20年間に電子政府が浸透し、行政手続きの多くがデジタル化されている。

デンマークでは、1968年に導入された個人番号(CPR番号。日本のマイナンバーに相当する、生まれたときに付与される10桁の番号)をベースにした個人認証のしくみ(MitID、Mitは私のという意味。2022年夏まではNemIDという名称。Nemは簡単という意味)があ

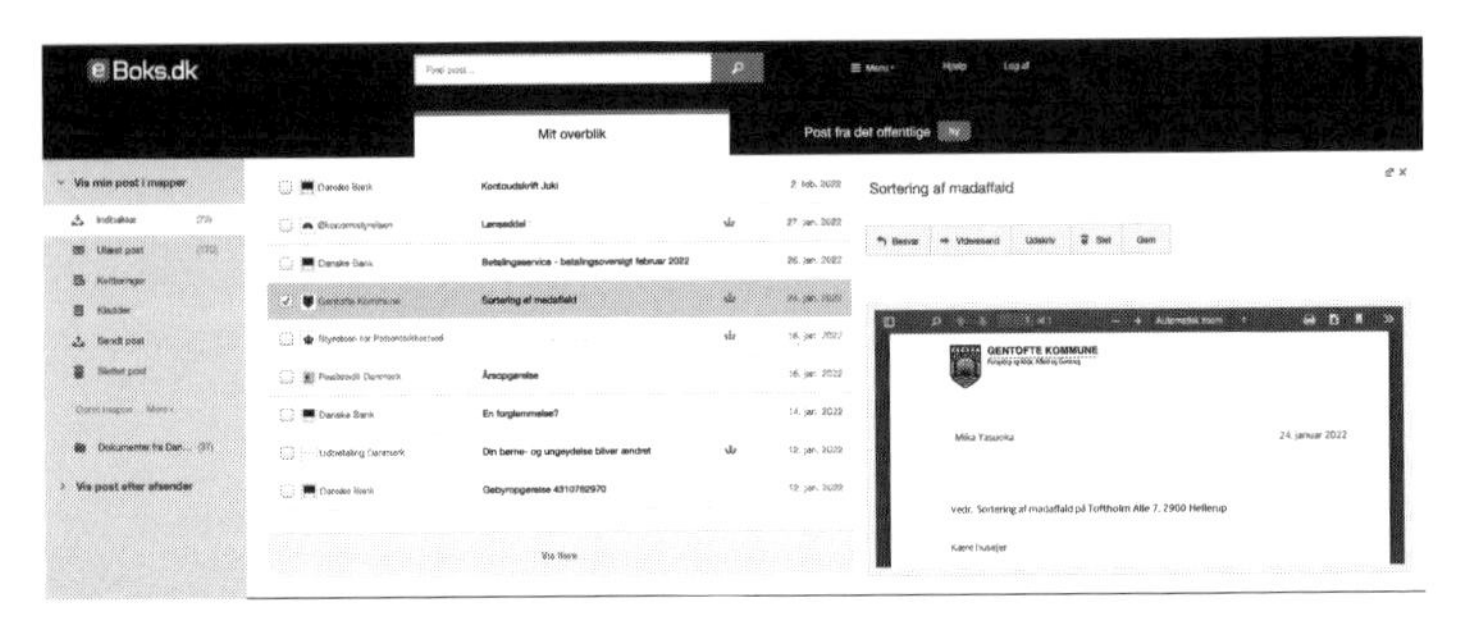

図2　デンマークのデジタルポスト。一般的なメールアプリと仕様は似ている（出典：e-boks）

個人認証	MitID （2022年夏まで NemID）	デンマークの個人番号（CRP番号）や企業番号（CVR番号）に紐づいた個人・法人の電子認証・電子署名のしくみ。公的サービスなどでログイン時の本人確認や電子署名として利用
公共機関とのコミュニケーション	Digital Post	公共機関からの連絡を個人・法人が受け取るデジタル私書箱。各種政府連絡、年金や給与明細、医療機関の診療結果、保育施設や学校に関する自治体連絡、警察からの連絡などに使われる
公共機関からの税金等の受け取り	NemKonto	税金の払い戻し、育児や生活保護などの社会福祉関連交付金の受領用の銀行口座（2005年～）。企業の給与の振込（2008年～）などにも使用される
企業の行政手続き	NemHandel	請求書などの文書の受け渡しをオンラインで行うシステム。公共機関と企業が取引する際には必須。自社の会計システムとの連携が可能

表4　デンマークの電子政府を支える基幹サービス

り、セキュリティの高いプラットフォームが確立されている。その上に、行政や公共性の高い組織と個人の間のコミュニケーションを可能にするデジタルメールシステム「デジタルポスト（Digital Post）」（図2）、行政からの税金や社会保障関連費の還付に使われるオンライン銀行口座（NemKonto。Kontoは口座の意味で、簡単に公共機関とやりとりできる銀行口座）が導入されている（表4）。企業の行政手続きも同様に、民間の公共調達の会計業務や企業間における請求などがすべてオンライン上でやりとりされている（NemHandel。Handelは取引の意味で、簡単に公共機関とやりとりできるデジタル取引アプリケーション）。

電子政府の進展により、大手企業から個人事業主まで、公共機関への各種申請、税申告、請求業務、会計業務などをすべてオンラインで行うのが一般的となった。市民も同様に、日常生活に関わる多くの手続きをオンラインで完結させることが可能となった。また、それらのデジタルプラットフォームの構築には、民間でより使いやすいデジタルシステムが数多く開発されたことも普及に一役買っている。

市民のための電子政府

そもそも、なぜ北欧諸国は電子政府をそこまで熱心に推進してきたのだろうか。その理由は、北欧が長年抱える課題にある。北欧で電子政府政策が掲げられるようになった2000年前後は、少子高齢化への懸念が広く社会で認識され始めた頃である。多くの研究・調査が実施され、将来的に高齢化の影響で医療・福祉分野の予算が逼迫することが明らかとなり、医療・福祉・子育てなどの分野の人材不足も確実となった。そこで注目されたのが、デジタル化による効率化と人員削減である。デジタル化による業務の効率化で不必要な人件費を削減し、オンラインで対応できないところに、人手を回すという取り組みにシフトした。それから20年後の現在、この取り組みは一定の成果をあげているといえよう。

このように、電子政府を推進する本来の目的は、医療・福祉分野における業務の効率化であったが、同時に重視されてきたのが、「市民のためのＩＣＴ・ＩｏＴ活用」という姿勢である。これは、北欧の電子政府に関するレポートで顕著に示されている。デジタル化政策について述べる報告書には、利用者、つまり市民に寄り添った考え方が通底している。

たとえば、フィンランド財務省が推進するＡＩプログラム「オーロラＡＩ―人間中心の社会へ（AuroraAI-Towards A Humancentric Society）」[*4]では、倫理に配慮した人間中心のデジタル社会の進展を目指すという目標が掲げられ、デジタル化がいかに社会参加を促すか、アクセスの平等を提供するかが示されている。

スウェーデンは電子政府の達成目標としてデジタルスキルの向上、イノベーションの推進、安全性の確保、リーダーシップの確立、デジタル基盤の整備を挙げている。特に、市民がすべての公共サービスにアクセスできることを優先課題とし、デジタル化によって公共サービスの透明性を確保

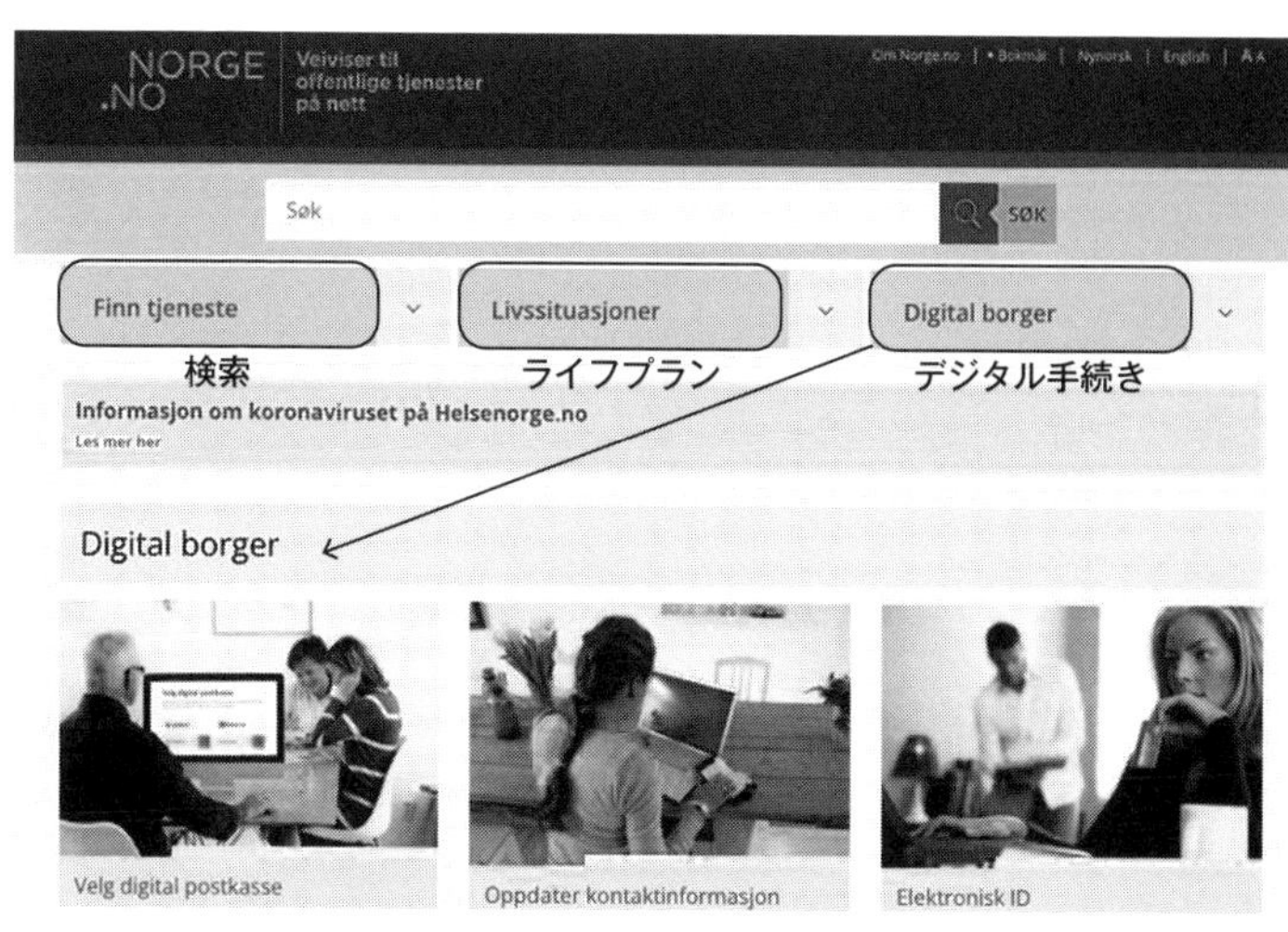

図3　ノルウェーの市民ポータルサイト Norge.no（出典：Norge.no）

するために、人間が最も重要であるという姿勢を貫く。

さらに、北欧諸国で人間中心にデジタルサービスを展開する典型的な例として、市民ポータルサイトが挙げられる。市民ポータルサイトとは、市民が利用する公共サービスが集約された窓口であり、ここからすべての公共デジタルサービス情報にアクセスして手続きができる。市民ポータルサイトとして、アイスランドは「Island.is」（2015年）、デンマークは「Borger.dk」（2005年、図5）、フィンランドは「Suomi.fi」（2002年）、ノルウェーは「Norge.no」（2006年、図3）、エストニアは「Eesti.ee」（2003年）を開設している。

市民ポータルサイトには、市民生活に関係する情報やサービスが一元的に提供され、サービスは、省庁の行政区分ではなく、ユーザー視点でカテゴリー分けがされている。たとえば、デンマークであれば、家族・教育・仕事・健康・住居などに分けられ、ノルウェーでは、デジタル手続き・ライフプラン（結婚・出産・教育・離婚・引っ越し）・よく使われるサービスの三つに分類されている。そのため、市民は行政区分を意識することなく、情報収集（ログイン不要）や個人情報のデータ閲覧（ログイン要）が可能となっている。

そもそも、多くの市民は自分が希望する公共サービスの所轄を正確に把握していない。市民には、子供支援金の申請をしたいとか、失業手当を入手したいといったニーズがあるだけで、管轄省庁の業務分担まで理解しているわけではない。市民目線で行政組織の業務区分にとらわれないサービスを提供することは、行政サービスをわかりやすくし、市民の行政への評価や信頼を上げるだけでなく、最終的には行政側の業務効率の向上にもつながる。システムの背後では、複数の組織が関わり、データも複雑に絡みあっているかもしれないが、市民との接点であるポータルサイトや行政職員が対応するフロントエンドではそれを感じさせないシンプルなインターフェースが実現されている。

デジタル化政策を浸透させる工夫

北欧諸国のデジタル化が成功した要因として、小国である点が強調されることが多い。たしかに、小国だと小回りが利くという利点はあるだろうが、すべての小国がデジタル化に成功しているわけではない。人口5万人のデンマークの自治領フェロー諸島で電子政府調査を行った政策研究者キーガン・マクブライド氏は「国が小さいから行政サービスのデジタル化が簡単なわけではない。逆に、小国であるが故に、費用対効果に合わないことは多い。デジタル化によって仕事の種類は変わるが、量が減るわけではない。市民とのインタラクションの量も変わるわけではない」[*5]と述べている。確かに、電子政府のシステムは、国の大小にかかわりなく複雑である。では、小国で政府の構造がシンプルなことと、データベースの規模が小さいということ以外に、北欧で行政機能をデジタル化できた成功要因とはなんだろうか。

■50年前からデジタル化されていた行政データ

北欧諸国で電子政府が進展した背景として、個人番号制度や行政記録のデジタル化などがすでに50年前から行われていたというアドバンテージがある。たとえばデンマークでは、1968年に個人番号制度が導入され、70年からは納税記録が、77年からは医療記録がデジタル化され蓄積されてきた。また、1972年には、地方自治体の日常業務のデジタル化を支援するシステムを提供するためにコムーネデータ社（後のKMD）[*6]。コムーネは地方自治体のこと）が自治体連盟により設立され、この1社独占で自治体のデジタルシステムが開発・導入・保守されてきた。そのため、2000年代に入ってから、電子政府政策の下でデータの連携や統合、システムの相互乗り入れが必要になったときに、比較的容易に対応することができたのである。

■組織・部門を横断する連携

組織や部門の壁を越える連携が戦略的に進められたことも、デジタル化が成功した要因の一つである。デジタル化には、新しいシステムの導入に伴う組織改革が不可欠であるが、北欧ではデジタル化の推進体制において興味深い工夫が見られた。

公共サービスは、便宜上、国の各省庁や自治体の各部局が管轄している。たとえば、医療保健分野であれば、中央政府が医療政策を策定し、広域自治体が先端医療や病院を管轄した上で、地方自治体が家庭医制度や福祉・健康支援などより生活に密着したサービスを提供している。しかし、このように市民への公共サービスの管轄が明確に分かれていたとしても、情報システムが取り扱うデータは、相互依存関係がある場合が多い。たとえば、個人の家族構成や居住情報の変更は、市が管轄する学校や家庭医ばかりでなく、中央政府が管轄する税金申告や個人の基礎情報にも影響する。電子政府を効率的に運営するには、多くの組織や部門が横断的に連携したデジタルインフラを構築する必要がある。何よりも利用者である市民にとっては、管轄省庁や組織の枠組みで公共サービスが分割されると利便性が損なわれる。つまり、電子政府の導入目的である利用者（市民）の利便性向上と行政手続きの効率化を達成するためには、今までと異なる情報フローや業務連携が要求され、既存の枠組みにはない新しいシステムやプロセスが必要になってくる。

そこで採用されたのが、電子政府のしくみを効率的に活用するための組織横断型の解決策だ。組織は大きくなればなるほど縦割りで動き「サイロ化（システムやデータが部署ごとに分かれ連携されていない状態）の課題」が発生する。それに対応して、北欧諸国では官民の組織・部門を縦横断する連携体制を構築し、鍵となるステークホルダーを巻き込んだ参加型のしくみで電子政府が推進されてきた。

たとえば、デンマークでは、２０１１年にデジタル庁（Digitaliseringsstyrelsen）が創設され、同庁を中心に各行政機関が連携する運営委員会が創設された。[*7] フィンランドでは、２０１１年に財務省傘下に電子政府推進の司令塔である政府情報化統括責任者（ＧＣＩＯ）と、中央政府内でデジタル化の連携を図るための情報管理開発・協力委員会（Tietokeko）が設置され、さらに２０１４年には政府の情報通信技術供給を担う部門としてＩＣＴセンター「ヴァルトリ（Valtori）」が設立されている。ノルウェーは、２００４年に設置された自治改革省が中心となって中央政府15省のＩＣＴ政策の調整を行い、また改革省内の公共政策・電子政府庁（Ｄｉｆｉ）が中央政府と地方自治体のＩＣＴ連携・規格化を推進し、行政サービス局（ＤＳＳ）が全省庁に向けてセキュリティを含めたＩＣＴに関するサービスの共有化を進める体制をとった。[*8] スウェーデンも２０１７年に電子政府庁（Myndigheten för digital förvaltning）を創設している。

北欧諸国は、平等主義を基盤としたフラットな社会構造を持っている。大枠の政府指針が示された後、意思決定はそれぞれの地域や現場で関係者の参加を通して議論され詳細が定められるが、組織間の連携と協力により全体統一が図られている。このような地域の独立性を重視する民主主義とその統治のしくみは、電子政府を導入する際に、大きな影響を与えている。

開始年	段階	内容
2003	eDay 1	全政府組織・公共団体間でのデジタル書類のやりとりを開始。電子署名の導入
2005	eDay 2	全公共サービスのデジタル化を実行。市民・企業は公共機関との連絡をデジタルで行う権利を持つ。市民ポータルサイト、電子署名、電子税務申告、デジタルポスト（デジタルメールシステム）を整備
2011	eDay 3	公共機関と企業との連絡がデジタル化される。公共調達、書類申請、税金申告などをすべてデジタル化し、共有インフラを整備
2014	eDay 4	公共機関と市民との連絡がデジタル化される

表5　デンマークの公共サービスのデジタル化プロジェクト「eDay」の流れ

■段階的に進められたデジタル化

さらに、北欧諸国は、デジタル化を市民に浸透させるためのさまざまな工夫を行ってきた。

デンマークでは、2003年から「eDay」という公共サービスのデジタル化プロジェクトが実施された（表5）。eDayでは、デジタル化のマイルストーンを複数掲げ、まず、国や地方自治体のデジタル化から始め、その後、民間企業、そして最後に市民へと段階的に、デジタル化を進めることを目指した。

特に2014年秋に設けられたeDay 4までに、政府や自治体などの公共機関から市民への連絡をすべてデジタル化することを定めた点は革新的であった。半強制的なデジタル化とも言えるが、それまでに10年以上かけて段階的に基盤を整えていったからこそ実現できたことである。

2003年前後には、電子署名でセキュリティが確保された、公共機関から市民へのデジタル連絡ツール「デ

図4　公共サービスのデジタル化を普及するために、15歳以上の子供向けに制作された短編映画『SCOOTER』（出典：Digitaliseringsstyrelsen）

ジタルポスト」を行政の職員が使い始め、2011年までに民間企業との取引などにもデジタルシステムが利用されるようになった。民間企業で働く者の多くは、仕事でデジタル書類の扱いに慣れていたため、私生活で公共機関との手続きがデジタル化されても支障は出なかった。そして最後の一歩として、2014年に行政サービスのデジタル化の対象がすべての市民に広げられた際、多くの市民はすでに電子政府と公共デジタルシステムのしくみを理解していた。段階的なデジタル化の進展と、デジタルツールを使わなくては公共サービスが受けられないという強制力により、市民はデジタル利用に徐々に慣れていった。基本は強制とはいえ、身体的・精神的な理由があれば、公共機関とのデジタルコミュニケーションの免除を申請することができる。しかしながら、国民の義務としてデジタルを使う必要があり、それを使いこなすために努力する必要があるという共通認識は確実に生まれていたようだ。[*9]

また、このeDayのプログラムを実施する際には、デンマークのデジタル庁はイギリスの電子政府政策から学び、市民への周知に潤沢な予算を割いていた。予算は、新聞・テレビ広告、短編映画（図4）、InstagramやFacebookなどでの周知に充てられ、さらに、市庁舎前でのコンサートを呼び水としたeDay 4イベントも実施された。著名なミュージシャンが出演するコンサート会場には、デジタルシステムの体験コーナーが設けられ、その場でデジタルポストの申請ができるようにした。

さらに、行政手続きのデジタル化は、導入領域を戦略的に選択して段階的に進められた。初期にデジタル化が実装されたのは、たとえば「引っ越し手続き」といった市民が頻繁に利用するものや、デジタル化と親和性が高いデジタルネイティブが対象の「学生奨学金」であった。多くの市民に利用されているという最良の事例を見せながら、一歩一歩、行政サービスのデジタル化を進めていったのである。

2 生活のデジタル化

私たちの生活に必要なサービスのすべてをデジタル化することは、時間もコストもかかる。ただ、デジタル化によって少しずつ生活に変化が起こり、市民がメリットを実感できれば、いつの間にか反対や不安の芽は少しずつ消え、デジタルが生活の一部にまで根づいていく。北欧諸国のデジタル化は、まず公共サービスに関わる分野から始まり、次第にレジャーや趣味の分野にも広がり、気づいた頃には日常に溶け込むものになっていた。生活の中にデジタル化が普及した北欧では、生活者は個人データとどのように付きあい、便利な日常を享受しているのだろうか。

行政手続きのデジタル化

多くの北欧諸国の市民がまず感じたデジタル化の恩恵は、行政手続きだろう。行政手続きのデジタル化は段階的に進められ、初期にはオンラインで可能なサービスは数えるほどしかなかった。だが、デンマークでは現在、２０００種の行政サービスがオンラインで提供され、市民ポータルサイトは年間延べ５８００万回利用されている。

デンマークの行政サービスで初期にオンライン化されたものの一つに「引っ越し手続き」がある。市民ポータルサイト（Borger.dk、図５）から、市民１人１人に用意されたマイページにログインすると、利用者に関する情報（個人番号、住所など）と家族に関する情報（配偶者や子供）が表示される。利用者にとって自分を含めた家族の基礎情報があらかじめ表示されていることで、各種手続きの際の手間を省くことができる。それと同時に、どのような情報を公共機関が把握しているのか

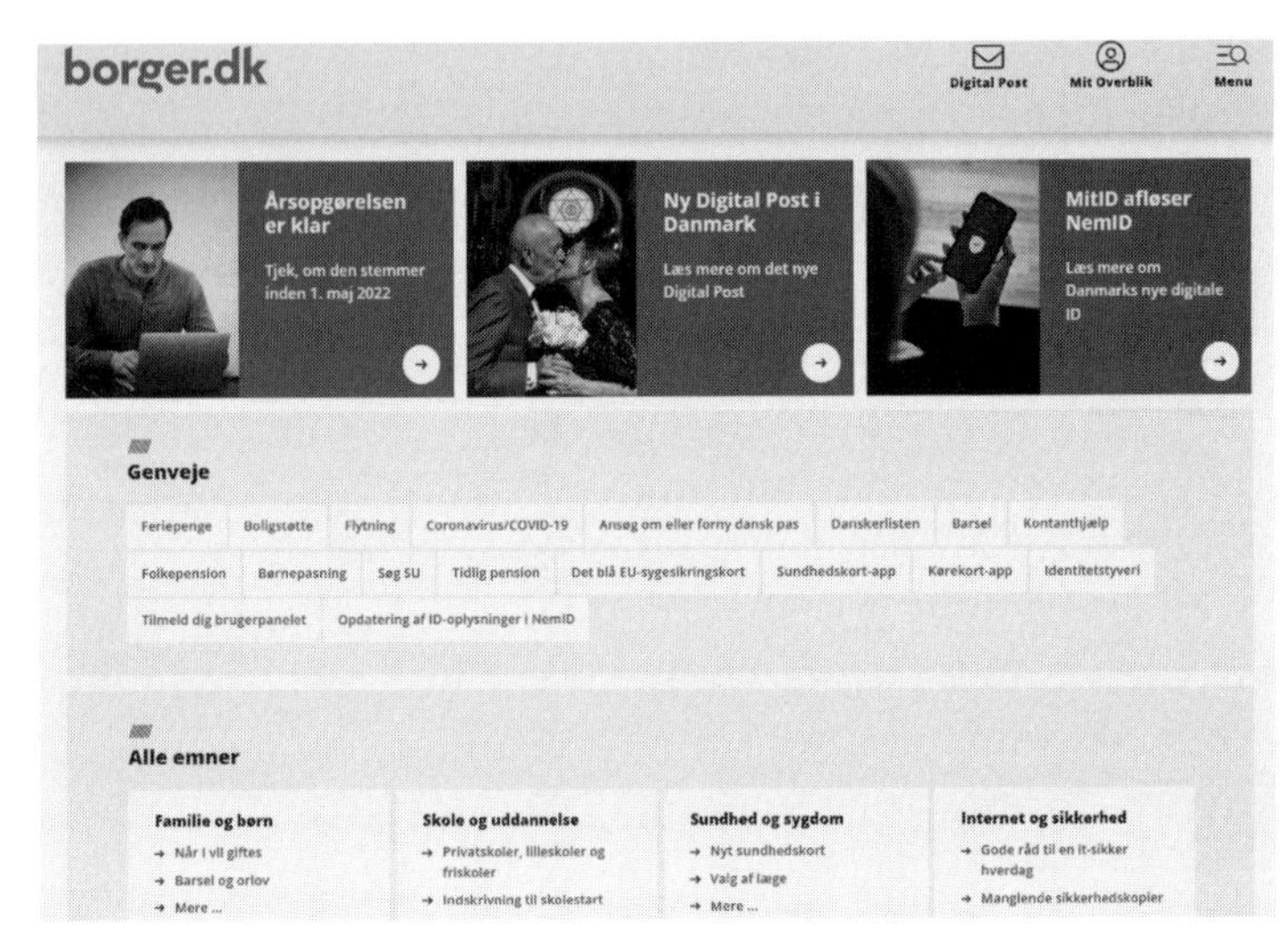

図5　デンマークの行政手続きは市民ポータルサイトから行う（出典：Borger.dk）

を確認することもできる。引っ越し手続きでは、引っ越しする人を家族一覧からチェックボックスで選択し、移転先の住所を登録するだけで手続きは終了する。システムは、地図情報と連動しているので、利用者の記載ミスも避けられる。転居に伴い必要となる家庭医の選択などいくつかのステップがあるが、引っ越し手続きは、単身者であれば5分、複数世帯でも10～15分ほどで完了する。

　行政手続きのデジタル化は、事業者にとっても便利だ。たとえば、法人は、会社の設立、名称変更、税務申告など、すべてオンラインのセルフサービスで手続きを済ますことができる。ビジネス庁の試算によると、デンマークの個人事業主が事業を開始する際には、すべてオンラインのプロセスで、15分ほどで登記が可能だ。

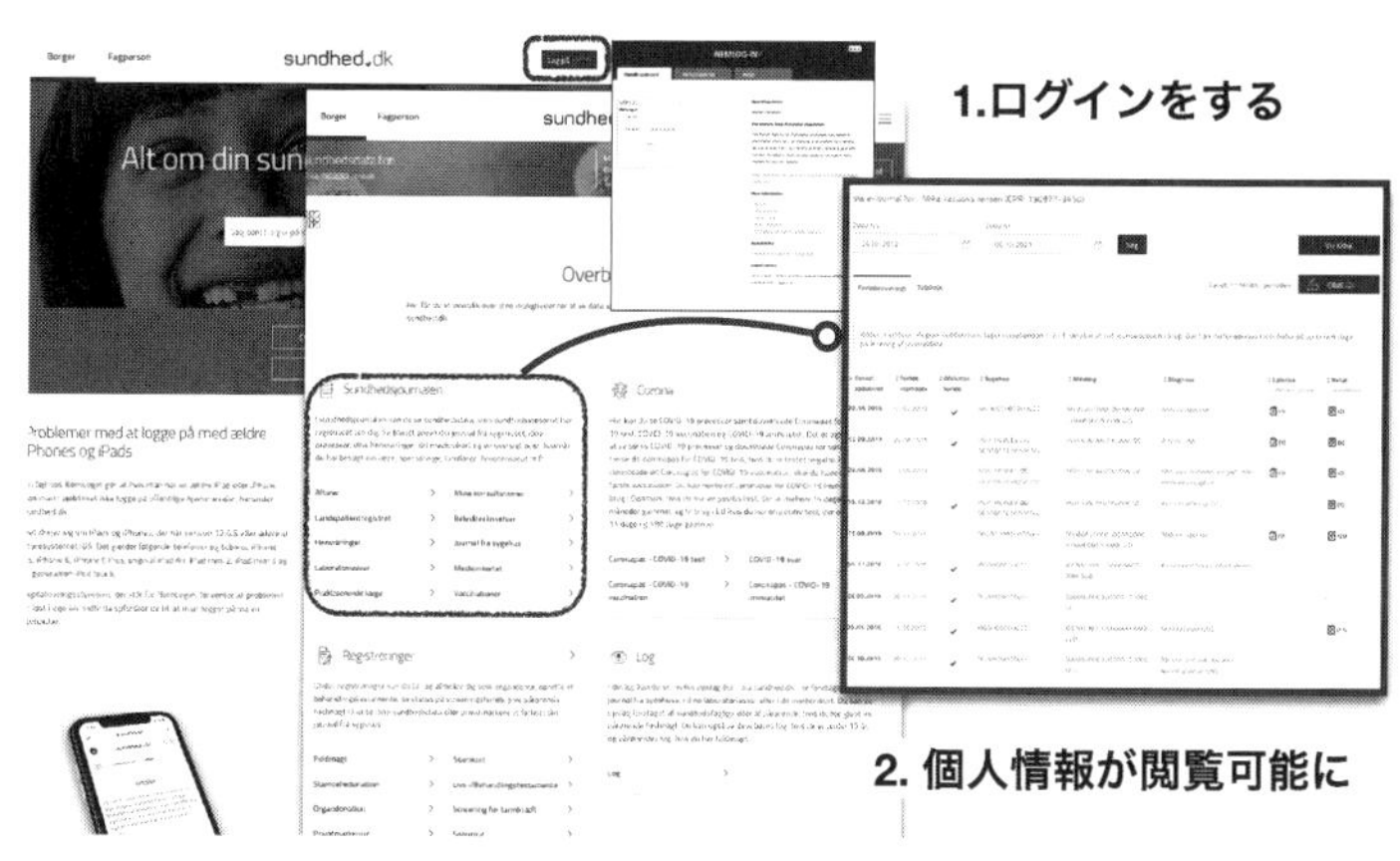

図6　デンマークの医療・保健ポータルサイト（左：ログイン前、右：ログイン後）。ログイン後は個人情報が閲覧できる（出典：Sundhed.dk）

ヘルスケアのデジタル化

ヘルスケアのデジタル化も、市民が最も恩恵を感じやすい分野の一つだろう。北欧では、医療・保健ポータルサイト（Sundhed.dk）にログインすると、今までの診療記録（カルテ）、薬剤の処方状況が閲覧できる（図6）。また、医師の予約や検査結果の確認もオンラインで可能だ。近年では、医師とのコミュニケーションや診療などの遠隔医療もオンラインで提供されるようになっている。

また、出産や産後のケア、そして新生児へのワクチンプログラムもデジタル化されている。日本では出産・産後の記録は「母子手帳」に記載されるが、うっかりワクチン摂取日を間違えたり、手帳を忘れたり、記録を取ることを忘れる経験は誰でもあるだろう。だが、デジタル化されていればそうしたミスは防げる。ワクチン接種の記録もデジタル化されているため、医療関係者だけでなく、本人やその親もオンラインで確認することができるし、ワクチン接種の時期が近づくと、事前に予約した病院からSMS（ショートメッセージサービス）で連絡が来るので摂取日を間違えずに済む。これは、コロナ禍のワクチン接種の場合も同様に行われ、スムーズなワクチン接種と接種証明が可能となった。

また、北欧諸国では、カルテなどの個人情報は医療機関のものではなく当人のものと認識されている。仮に、デンマークの医療機関で治療を受けていた人が、海外の病院で治療を受けたい場合、デンマークの医療機関で記録されたデータに国外からアクセスし、現地の医師に確認してもらうことも可能である。

キャッシュレス社会

北欧諸国では、ここ数年で現金を使わないキャッシュレス社会に移行してきた。[*10] キャッシュレス化は、単なる利便性だけでなく、マネーロンダリングなどの犯罪防止や脱税防止につながり、取引や決済の透明性を高めることが広く評価されている。

■多様なデジタル決済と現金利用率の低下

北欧社会では、個人が利用するキャッシュレスの決済方法は、大きく3種類に分けられる。一つ

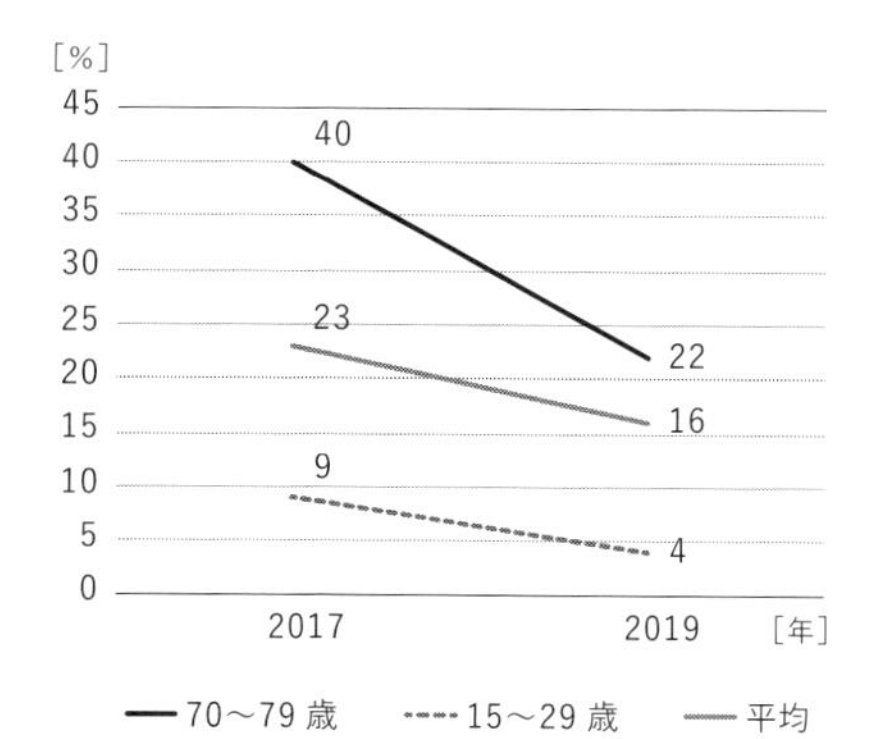

図7　デンマークの店舗おける現金利用率（2017年と2019年の比較）。シニアの現金利用率の減少は特に顕著である
（出典：Denmark National Bank）

は、クレジットカードや銀行口座に紐づくデビットカードを用いたカード決済、二つ目は、銀行口座にインターネットでアクセスするオンライン決済、三つ目は、スマホのアプリを介したモバイル決済だ。人々は、利用シーンによって決済手段を使い分けている。高額取引ではカード決済や銀行口座間送金をベースとしたオンライン決済が行われる一方、少額取引の場合は、デンマークの「モバイルペイ（MobilePay）」、スウェーデンの「スウィッシュ（Swish）」など、スマホアプリなどを介したモバイル決済が使われている。スマホ決済に注目が集まる現在、カード決済や銀行口座へのデジタルアクセスは、地味なキャッシュレス手段に見えるかもしれないが、重要な金融インフラとして北欧のオンライン決済を下支えしている。[*11]

北欧では、こうした多様なデジタル決済手段の台頭に伴い、現金を利用する機会は大幅に減少している。金銭取引の透明性の確保が不可欠な法人ばかりでなく、個人の現金利用率も非常に低い。デンマーク中央銀行の２０１９年の調査報告書「現金支払いは減少している（Cash payments are declining）」[*12]によると、デンマーク人の34％は現金を日常的に持ち歩かず、さらに2017年比で現金を持ち歩かない人の数は倍になっている。また、70代のシニア世代においては5人に1人は現金で支払うが、現金利用の急速な減少が見られることが指摘されている。つまり、北欧においては、高齢者を含めた全世代でキャッシュレス化が急速に進展しているのだ。図7は、デンマークの店舗における現金利用率を2017年と2019年で比較したものだが、2年間で全年代の現金利用率が低下している。若者はもともと現金利用率が低いこともあり、緩やかな減少であるが、70代の現金利用率の減少は特に顕著で、40％から22％に急減している。[*13]

■独自通貨の換金不要というメリット

北欧でキャッシュレス社会の恩恵を感じることは多い。理由の一つに、北欧諸国は欧州の統一通貨ユーロに加盟していない国がほとんどで、デンマーク・スウェーデン・ノルウェーは、それぞれの独自の通貨クローネを発行していることが挙げられる。陸続きの北欧諸国では、スウェーデンに住みながらデンマークで働いたり、休日にフィンランドに遊びに出かけるなど、日常的に隣国を行き来する。数年前までは、隣国に出かける際には各国の貨幣に換金しておく必要があったが、キャッシュレス化が進んだ今ではその必要性はほぼない。

また、ＥＵ圏では市場の統一が進められてきたが、社会全体のデジタル化の進展によりＥＣ（電子決済）がより身近なものとなっている。国を超えたオンラインでの製品やサービスの購入で活躍

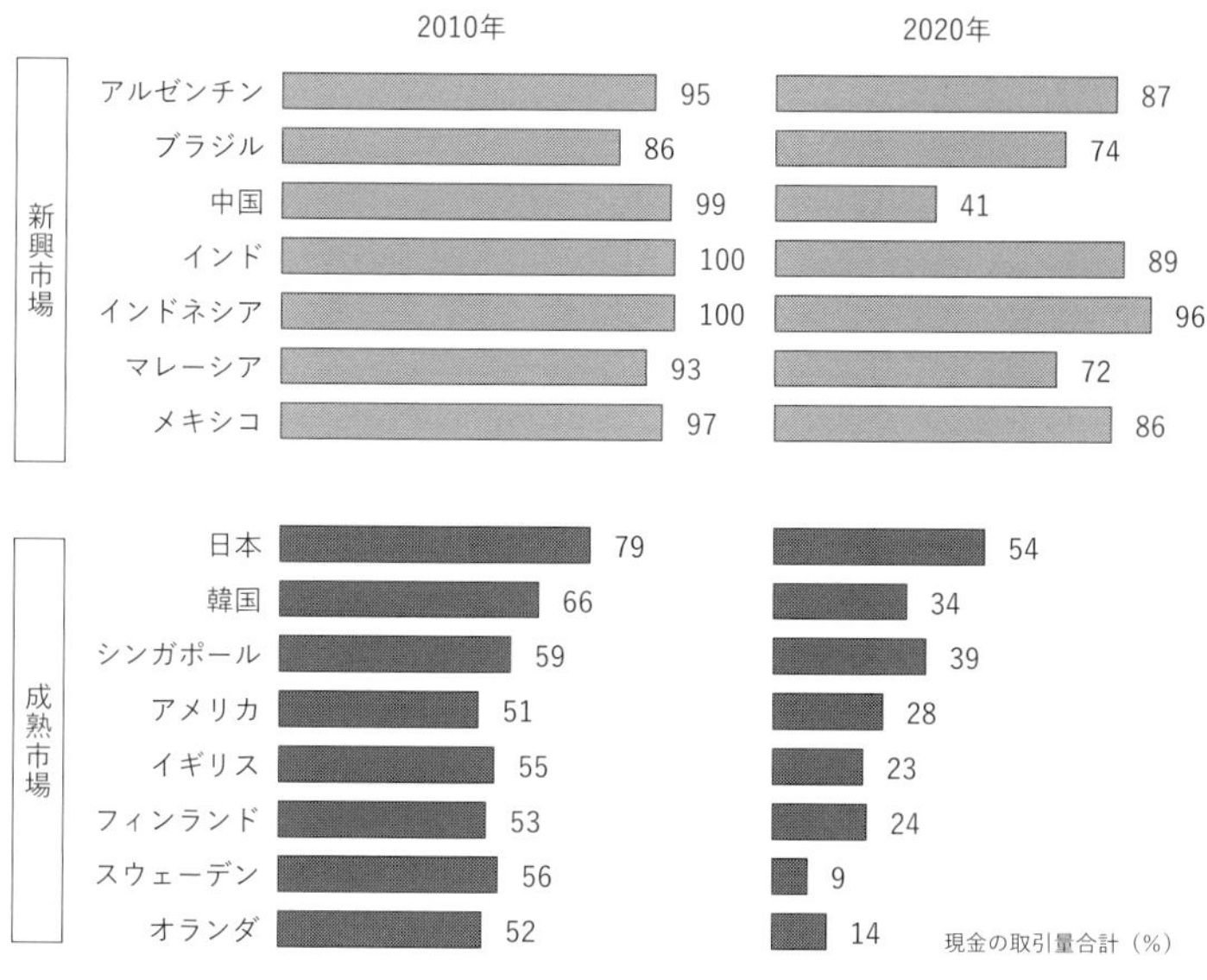

図8　各国の現金利用率（2010年と2020年の比較）（出典：McKinsey）

するのは、現金よりもカード決済やオンライン決済、モバイル決済である。

■現金は消えるのか？

キャッシュレス化の潮流は世界的に見られるが、北欧は、世界で最も早くキャッシュレス社会を迎えるだろうと言われている（図8）。北欧では、現金支払いを拒否する店舗が急増していたり、公共交通機関が現金の取り扱いをやめたり、ATMが撤去されたりする例が出てきている。さらにコロナ禍がこの傾向を加速させた。感染を避けるために、高齢者をはじめとした多くの市民が他者との接触を控え、それまでデジタル利用に抵抗を感じていた層も必要に駆られてこぞってキャッシュレスに移行した。

図9　子供がお金の使い方を学べるデンマークのモバイル決済アプリ、マイマネー。投資を学ぶ（左）、貯蓄の目標を設定する（右）（出典：MyMonii）

しかしながら、北欧諸国は、現金の流通を廃止しようとしているわけではなく、デンマークをはじめ、政府主導での現金の廃止や電子通貨の導入などは発表されていない。どこの国でもおそらく現金は予想以上に早く使われなくなるだろうと予想しているものの、積極的な電子通貨の導入には踏み切っていない状況だ。唯一、スウェーデン国立銀行（リクスバンク、Riksbank）が２０２０年２月にアクセンチュア社をパートナーとし、中央銀行デジタル通貨（Central Bamk Digital Currency、ＣＢＤＣ）「イークローナ（e-Krona）」の試験運用を開始した。アクセンチュア社は、消費者向けの機能を担当し、モバイルプラットフォームとの統合を進めている。

今後の課題として、現金を使ったことがないためお金に対するリテラシーが不足している子供が増加することが懸念されている。幼い頃から簡単に買い物ができてしまうキャッシュレス社会で育った子供たちに、お金を稼いだり、使ったり、節約することの大切さを教えることが重要である。

デンマークで2015年にローンチされた「マイマネー（MyMonii）」は、キャッシュレス経済において、18歳以下の子供が簡単に楽しくお金の使い方を学べるようにデザインされたモバイル決済アプリだ（図9）。ダウンロード数は25万人を超え、プレミアムサービスを利用すると、マスターカードをアプリの機能に接続して、子供が実店舗やオンラインショップで決済することができる。マイマネーのプラットフォームは、親がリアルタイムで監視・管理ができ、たとえば子供が家の手伝いをした際のおこづかいの支払いなどにも使用できる。ほかにも、ゲームなどを通じて電子通貨の理解を深めたり、カード利用について銀行が教育の機会を提供するなどの試みが行われている[*14]。

教育のデジタル化

教育の分野でもデジタル化の進展は著しい。初等・中等教育を対象にした北欧のデジタル教育を見てみると、多くが2010年以降に始まっており、まだ導入から10年ほどしか経っていない。しかしながら、80年代より北欧で導入され、今世界中で求められている21世紀型スキルの育成にも通じる「アクティブラーニング[*15]」（6章参照）は、ICTとの親和性が非常に高く、教育分野では急速にデジタル化が進んでいる。

■デジタル化の3本の柱

教育のデジタル化というと、教育プログラムや教材のデジタル化の話が中心になりがちだ。しかし、デジタル教材は、実は教育におけるデジタル化の一つの要素にすぎない。北欧諸国が重視する教育分野でのデジタル化の柱は、次の三つからなる。

一つ目の柱は、ネットワークインフラである。これは、学生がインターネットに接続して各種リソースが使えるようにするための共通ＩＤとそのＩＤ基盤、高速ネットワーク基盤、Wi-Fiネットワーク、クラウドサービス、コンピュータの提供などを指す。さらに、近年では学習進捗管理プラットフォーム（後述）が高等教育を中心に、そして次第に初等・中等教育に導入されるようになっている。

二つ目の柱は、教師と学生、学校と親をつなぐコミュニケーションプラットフォームである。コミュニケーション手段のデジタル化により、基本的な連絡はコロナ禍以前からほぼすべてインターネットを通じて行われていた。このコミュニケーションプラットフォームは双方向型で、学校や教師からの連絡や予定を確認することができるだけでなく、保護者は教師や学校へ連絡することもできる。低学年であれば、学校での授業の様子や登下校の状況などが共有されることもある。コロナ禍においても、学校からの一斉メールが生徒や親に対して送付され、対面の機会を待たずとも随時

図10　フィンランドの「学ぶ喜び」プロジェクトで制作されたマルチリテラシー教材
（出典：University of Helsinki, The MOI）

指示を出すことが可能となっていた。

　三つ目の柱は、授業や宿題として活用できるさまざまなマルチメディア教材である。これは、学校や教育機関が準備するだけでなく、大学・公共機関・NPOなどのさまざまな組織が学習用に開発する例が多々見られる。たとえば、医療保健関連の省庁がコロナに関する子供向けのデジタル教材をオンラインで公開したり、性教育に関する啓蒙活動を行う団体が対象年齢に合わせた教育プログラムを提供したりしている。これらの教材は教師が授業でそのまま活用できるビデオやスライドとして提供されているため、現場の教師たちに重宝されている。

　たとえば、フィンランドのヘルシンキ大学が周辺の幼稚園・小学校の生徒・教師を巻き込んで行っている「学ぶ喜び」プロジェクト[*16]（図10）は、0〜8歳の子供たちを対象にしたマルチリテラシープログラムで、幼児教育に関わる専門家や大学、図書館、文化施設などが協働して開発したプロジェクトである。マルチリテラシーとは、多様性に溢れる世界で人として生きていくために必要な能力と定義され、「学ぶ」とは何かを学び、他者との共生や積極的かつ責任を持って社会に参加することを学ぶ。「学ぶ喜び」で提供されているマテリアルや使い方マニュアルは、英語（一部）、フィンランド語、スウェーデン語で提供されており、現場の教師がクラスで利用しやすいように、使い方などのマニュアルやプログラム構成も提案されている。

北欧の学校では、学校全体の方針に関しては学校長の裁量権が大きいものの、個々の授業に関しては教師の裁量権が大きい。そして、学習目標を達成できるのであれば、どのような教材を用いるかは、担当の教師に任されているところが多い。そのため、さまざまな教育機関や団体が提供するデジタル教材が広く活用されやすい環境にあると言える。

■学生の主体的な学習を支援するツール

今、世界中の教育分野では、「21世紀型スキル」が注目されている。21世紀型スキルとは、問題解決能力やコラボレーションスキルなどのことで、これらは、今までの一方通行型の教育プログラムで育成することは困難である。21世紀型スキルの育成のためには、従来のアウトプットのみが評価される教育から、学びのプロセスにも注目した学習支援、個々の学習者の「振り返り」を通した学習が不可欠であるとされる。北欧の学校では、１９８０～90年代の教育改革により、自分で学ぶ教育、学び方を学ぶ教育として、アクティブラーニング（6章参照）が実施されており、このアク

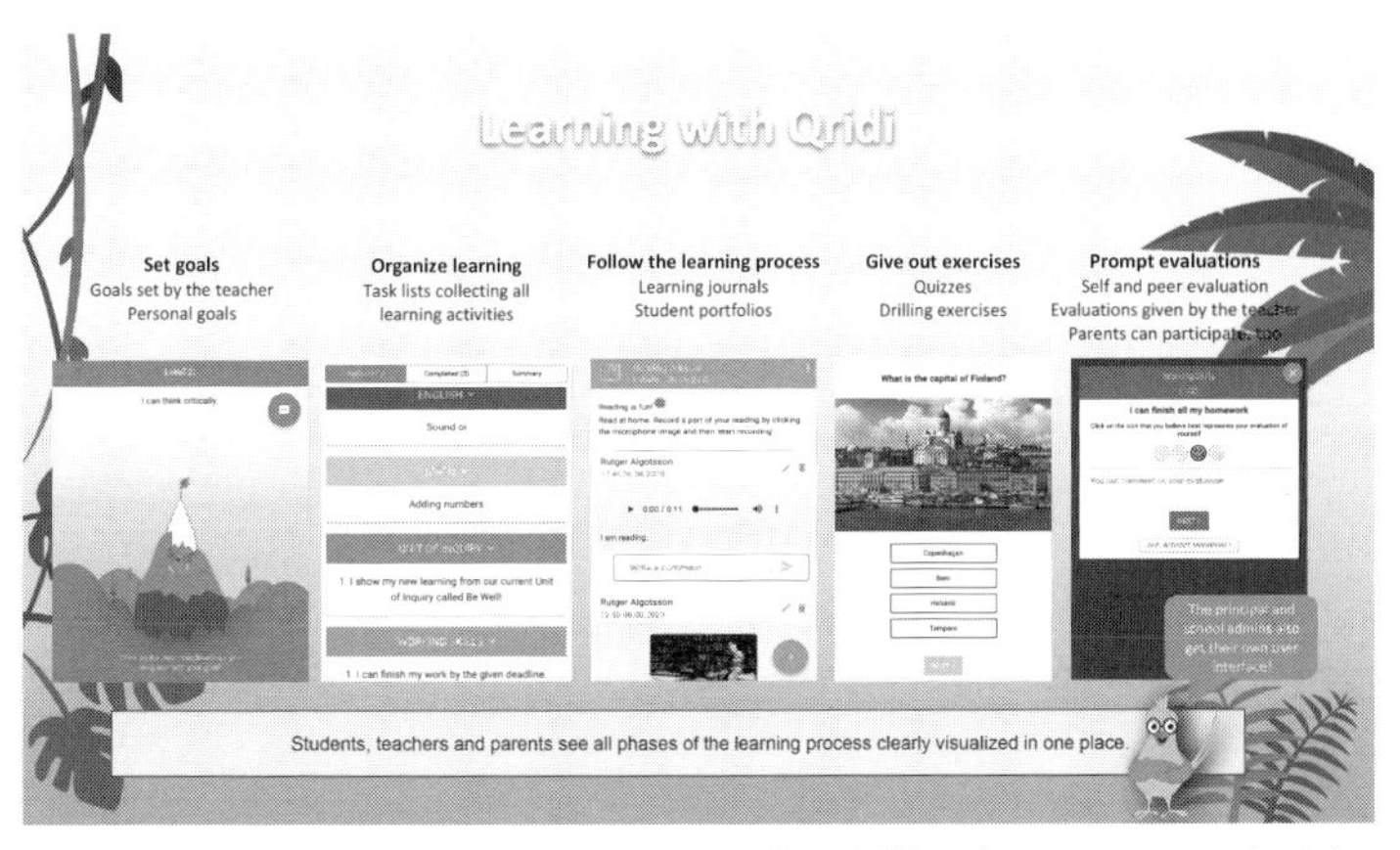

図11　オウル市の初等・中等教育に導入されている学習進捗管理プラットフォーム、クイディ
（出典：Qridi Company）

ティブラーニングは、多くの点で21世紀型スキルを育成する教育となっている。

北欧諸国では、通常、1クラスが約20〜25人の学生に教師1人の構成で、学生の特性によっては支援要員などがサポートにつくこともある。アクティブラーニングのコンセプトが広がった北欧の学校教育では、学習速度の違う1人1人の進捗に合わせた教育が主体である。そして、学生1人1人の問題意識を把握・支援し、さらに振り返りを支援することが不可欠とされている。学生の特徴や進捗に合わせたアクティブラーニングに基づく教育は、ある意味、オーダーメイドの教育ともいえるが、学生を一律に指導する従来の教育とは異なり、教師にとっては非常に負担が大きい。

そこで、こうしたアクティブラーニングに基づく教育を支援する学習進捗管理プラットフォームが、近年、急速に教育機関で導入されるようになっている。フィンランドのオウル市に本社を置くＩＴ企業が提供する学習進捗管理プラットフォーム「クイディ（Qridi）」は、オウル市の全初等・中等教育に導入されている（図11）。知識レベルが大きく異なる初等教育のプログラムに対応すべく、低学年・高学年・教師用の3種類のインターフェースが用意され、異なるインタラクションデザインが提供されており、あらゆるユーザーにとって使い勝手の良いシステムであることが志向されている。このプラットフォームの特徴は、学生の主体的な学習を支援してモチベーションを高める手助けをし、学習者自身が振り返りをするための工夫（自己評価システム）が提供されていることだ。そのベースとなっているのは、システム利用データや学習データであり、それらのデータは可視化され、学生本人や教師が学習予定の策定や進捗報告、振り返りに活用されている。

このような学習進捗管理プラットフォームは、授業中の個別学習で使われることもあれば、自宅での宿題に利用されることもあり、利用方法は学校や担当教師の采配により大きく異なっている。２０２０年以降のコロナ禍では、学校での対面学習が困難となり、フレキシブルな対応が求められたため、特にこのようなプラットフォームが活躍した。

3 オープンデータとコロナ禍の効用

現在、北欧諸国ではオープンデータの流れが加速している。公共データである都市データ・気象データ・交通データ・地理空間情報が公開され、企業や市民に広く共有されるようになっている。オープンデータは、公共機関の業務の効率化において重要であるが、産業育成のために活用することも期待されており、公共データを公開することは主権者である市民の権利に応えるための国の義務であると認識されている。

そもそもオープンデータの背景には、オープンガバメントの考えがある。政府が国を運営する際に収集している情報を社会に還元し、ＩＣＴを活用することで、産官学民の参加と協力を得て、社会課題の解決に取り組もうというものである。誰もが納得する社会基盤をつくるには、客観的なデータの収集とそれに誰もがアクセスできるしくみの整備が不可欠である。

オープンデータの活用

北欧の国々は、欧州委員会の指令（2013/99/EU Directive on open data and the re-use of public sector information）に基づき、欧州各国の動きと足並みを揃え、オープンデータを推進している。そのため、北欧各国はデータカタログを作成し公開してきた。データカタログとは、国や地方自治体が収集した各種データを、公共政策や市民の社会生活、経済活動を充実させるために、誰もが自由に使えるデータとして国や地方自治体がリスト化し公開しているものである。公開されている

図12　6アイカプロジェクトの一つ「スマートシティガイダンス」は、データを活用した都市の道案内サービス。ヘルシンキ、トゥルク、タンペレの3都市で実施されている
（出典：Smart City Guidance）

データは、行政手続きや市民の陳情の処理状況を可視化したものから、都市の産業に直接つながる観光データ、公共交通データに至るまで多岐にわたる。

たとえばフィンランドの各都市では、世界に先駆けてオープンデータの活用方法が模索されてきた。具体的には、大量の都市データを有効活用するために、データの提供だけでなく、積極的に情報を公開しＡＰＩ（Application Programming Interface）も提供してきた。ヘルシンキ市は、すでに２０１３年には修復が必要な道路やエリアを市民が申告するためのＡＰＩ、さらに観光関連データ、公共交通データを集約するＡＰＩなどを提供するようになり、それらは街のサービス開発キット「CitySDK（City Service Development Kit）」として統合されて提供されるようになった。２０１６年には「6アイカ（6Aika）」

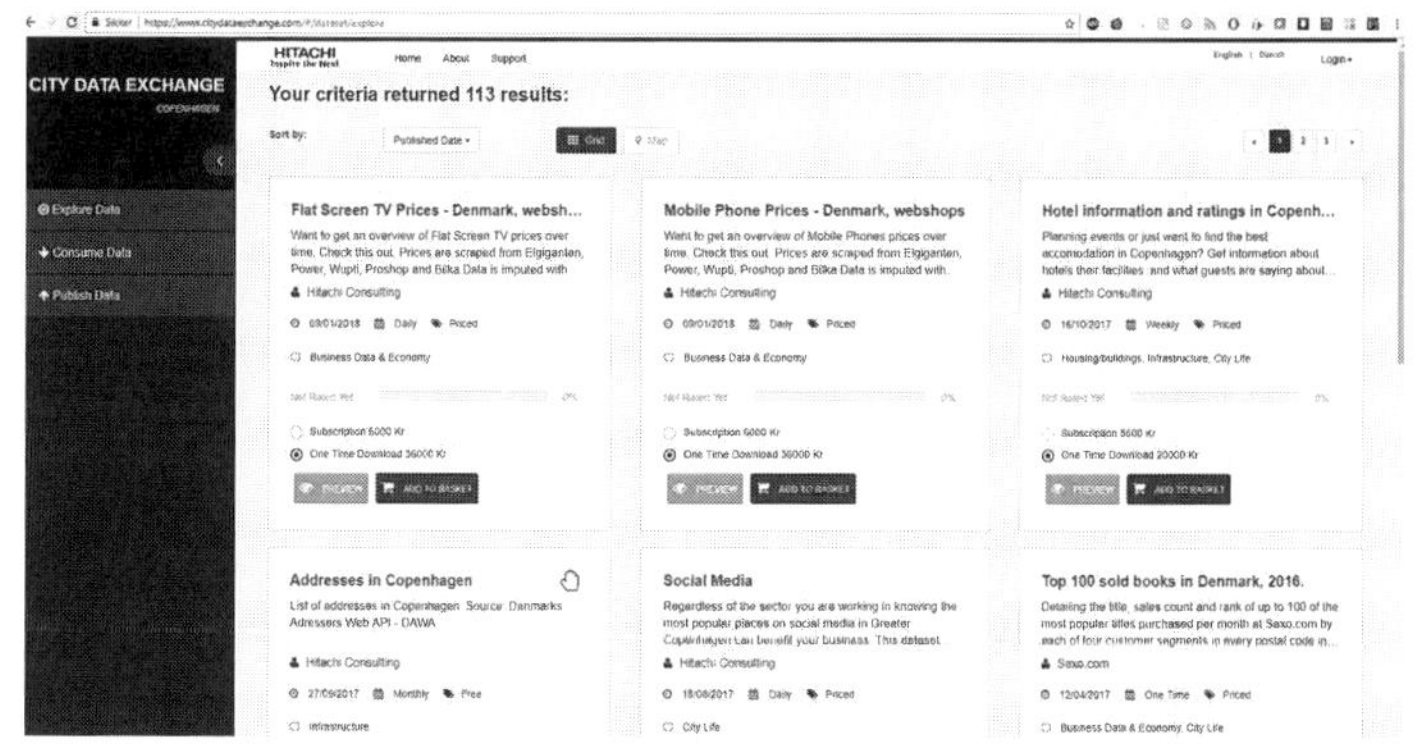

図13　コペンハーゲン市と日立製作所が運営したシティ・データ・エクスチェンジ
（出典：City of Copenhagen）

（5章参照）戦略の一環として、開発事業者に対して都市に関わるデジタルサービスを開発するためのツールや情報が提供されるようになった（図12）。さらに、ヘルシンキ市は、オープンデータを使ったプロジェクトを多数実施することで、市民を巻き込んだ新しいプログラムの開拓もしている。これまでに、学生が安売り情報や住居などの生活情報を交換するサイト「MOOSE」や、市民に向けて大気状態を予測する「Env&You」といったプログラムの開発につながった。

データ・マーケットプレイスの試み

2016年、コペンハーゲン市は日立製作所と協力し、世界初の都市のデータ・マーケットプレイスを構築した。データ・マーケットプレイスとは、データ所有者とデータ利用者を仲介し売買などの取引を可能にするしくみである。「シティ・データ・エクスチェンジ（The

図14　シティ・データ・エクスチェンジを担当したコペンハーゲン市スマートシティ・ディレクター（当時）のマリウス・シルヴェスターセン氏

City Data Exchange)」と呼ばれるこのデータ・マーケットプレイスは、都市にまつわるデータの活用、データを基盤としたビジネスの創出を目的としており、コペンハーゲンのデータエコノミーを盛り上げることを目指していた(図13、14)。コペンハーゲン市は2025年までにカーボンニュートラルにするという目標を掲げているが、このようなデータ活用は脱炭素化に向けた一歩になると期待された[*17]。

シティ・データ・エクスチェンジは、個々の団体や企業が保有するデータを個人や組織が有償または無償で利用することができるプラットフォームだ。このしくみのパイオニア的存在であるイギリスのリード市が実施する「データ・ミル・ノース（Data Mill North）」と同様のコンセプトだが、デンマークでは公共データだけでなく民間のデータも活用することができ、データを介したビジネスモデルの構築を試みたところに特徴がある。

シティ・データ・エクスチェンジは華々しくスタートし

たものの、開始から2年後の2018年に打ち切りとなった。さまざまな運営側の努力にもかかわらず、民間データの提供は不十分で、データの売買もほとんど行われなかったからだ。その後、コペンハーゲン市は、2年間の都市データの共有や交換、売買に関するプロジェクトの経緯と結果をレポート[*18]としてまとめた。レポートでは、データ・マーケットプレイスの実現には、データの整備や標準化、市場やコミュニティの成熟、そして投資の可能性を明示できるような利用シナリオが必要であると結論づけられている。この取り組みは中止となったものの、結果として今後につながる多くの知見が蓄積された。

シティ・データ・エクスチェンジのようなデータ・プラットフォームの動きは世界各国で見られる。だが、具体的にどのようにデータを収集・管理していくかに関して明確な答えはまだ見つかっていない。データ活用にはさまざまコストがかかり、公共機関のみに頼った運用では、持続可能性に不安が残る。データが新産業の育成に貢献すると考えられている一方で、どのようにデータを運用するべきかについては検討の余地が残されている。

デジタル化がコロナ禍に果たした役割

多くの北欧諸国が、2020年3月に新型コロナウイルス感染症のロックダウンを実施し、公共・民間にかかわらず在宅勤務が推奨され、学校もオンライン学習が中心となった。レストランやカフェは軒並み閉鎖され、大きな不安が社会を襲った。だが、北欧諸国の人々にとっては、コロナ禍は電子政府やデジタル社会の恩恵を特に感じる契機となった。

電子政府は、コロナ禍で威力を発揮した。デンマークでは、２０１２年に公共機関から市民へのデジタル連絡ツール「デジタルポスト」が開始されてから初めて、政府から全国民への一斉メールが送付された。他国がデマの拡散などで混乱していた時期、政府からの信頼できる情報伝達ルートが確保されていたことで、市民は冷静に行動をとれたと言われる。公共機関の窓口業務は概ね閉鎖または縮小されたが、行政手続きはすでにデジタル化されていたので、特に混乱が起きることはなかった。

学校の対応も非常にスムーズだった。デジタルインフラが整っていたこと、学校と家庭とのコミュニケーション手段がすでにデジタル化されていたこと、学習支援システムが広く使われ、教材の多くがデジタル化されていたことによって、スムーズにオンライン学習に移行することができた。もちろん、現場の教師の間で混乱が起きたり、低学年の子供を抱える家庭では保護者の仕事に支障が出ることはあったが、相対的にはうまくいっていたと評価されている。

デジタル社会は企業活動においても効果を発揮した。コロナ禍になる数年前より在宅勤務が普及しつつあった北欧では、２０１８年には、すでにデンマーク人の3人に1人が月に一度在宅で仕事をしていた。在宅で仕事を行うためには、就業者と企業をつなぐネットワークシステムのセキュリティや自宅のデジタルインフラが必要とされるが、こうした「在宅で仕事をするためのインフラ」も過

図15　デンマークのネムリは、野菜など生鮮食品も配達する
（出典：nemlig）

去数年間で少しずつ整備されていた。EU統計局が調査した「世界で最も在宅勤務に慣れている国民」ランキング*19（2020年）によると、1位フィンランド、7位デンマークとなっている。コロナ禍で、多くの人が問題なく在宅勤務に移行したと言われるのも納得だ。

また、北欧ではウェブサイトを持たない企業はないと言われ、どんなに小さな個人事業主でも、基本的にウェブサイトやネット環境を整備している。コロナ禍以前からEC産業は急速な伸びを見せており、オンライン取引やオンライン決済もすでに一般的になっていた。さらに、オンライン決済の増加に伴い、銀行やカード会社のセキュリティもこの10年で強化された。コロナ禍においては、もともと成長軌道にあったオンライン販売がさらに拡大することとなった。実店舗でしか商品の販売をしていなかった事業者も、コロナ禍でオンライン販売へ移行した。また、利用者側もコロナ禍でオンラインショッピングが全世代に広がった。最後の抵抗勢力だった高齢者も、コロナ禍で外出を控えたことからオンラインでの買い物を始め、デジタル決済を使いこなす人が増加した。北欧では、デンマークの「nemlig.com」（図15）、フィンランドの「Verkkokauppa.com」、ノルウェーの「oda.com」などの日用品のオンラインショッピングサイトが、コロナ禍の２０２０年に急速に業績を伸ばしている。

4 デジタル・デバイドへの対応

北欧では、電子政府の進展、行政手続きのデジタル化に牽引され、銀行の口座取引、オンラインショッピング、スマートホームなど日常生活にＩＣＴが溶け込むようになっている。そうなると気になるのは、デジタル・デバイド（ＩＣＴを使える人と使えない人との間に生じる格差）の対策だろう。

北欧のデジタル・デバイド解消の取り組みは、多方面で見られる。たとえば、個人番号を読み上げて確認できる視覚障害者向けのツールや、軽度の精神障害者に向けた支援機器などが公共機関から提供されており、近年は、普段行政サービスをあまり利用しない若者などもデジタル・デバイドを考慮すべき対象として注目されている。

特に高齢者は、ＩＣＴの利用率が全世代平均より低い。20年前ならＩＣＴを使えなくてもそこまで生活に支障はなかったが、近年は高齢者であっても生活する上でＩＣＴの利用は避けられず、デジタル社会へのソーシャルインクルージョンが重要となっている。高齢者自身がＩＣＴを使って情報収集し、デジタルツールを活用することができれば、適切な生活支援を受けることができ、社会参加や自立につながる。またコミュニケーションツールを活用すれば、遠隔地に住む家族や友達と簡単につながることができ、孤立を防ぐことにもなるだろう。加えて、デジタル化されたヘルスケアシステムを使いこなせれば、より簡単に健康を維持でき、生活の質の向上にもつながる。デジタル社会において、高齢者が適切にデジタルサービスを利用できるようにすることは喫緊の課題だと言える。*[20]

北欧では、２０１８年頃はＩＴデバイスを持たずに生活をするシニア層が20％ほどいると言われ、急速なデジタル化に追いつけない人々をサポートする取り組みが多数実施されてきた。スウェーデンでは、非営利団体がＰＣ・スマートフォン教室や、シニア向けフォーラムを開催し、テックバディ（Tech Buddy）というスタートアップが、デジタル機器の利用が困難な家庭にフリーランスの技術者を派遣してサポートを行うなどのサービスを展開していた。ノルウェーでは、通信業のテレノール社（Telenor）がシニア向けのスマート・タブレット講座を開催し、デンマークでは、自治体と高齢者団体が共同で図書館でスマートフォンのワークショップを開催するなど、さまざまな取り組みが見られた。

２０１９年の調査によれば、75～89歳のデンマーク人のインターネット利用率は86％にまで増加した（図16）。一方、デジタル国家として名高いエストニアでは、高齢者のインターネット利用率は

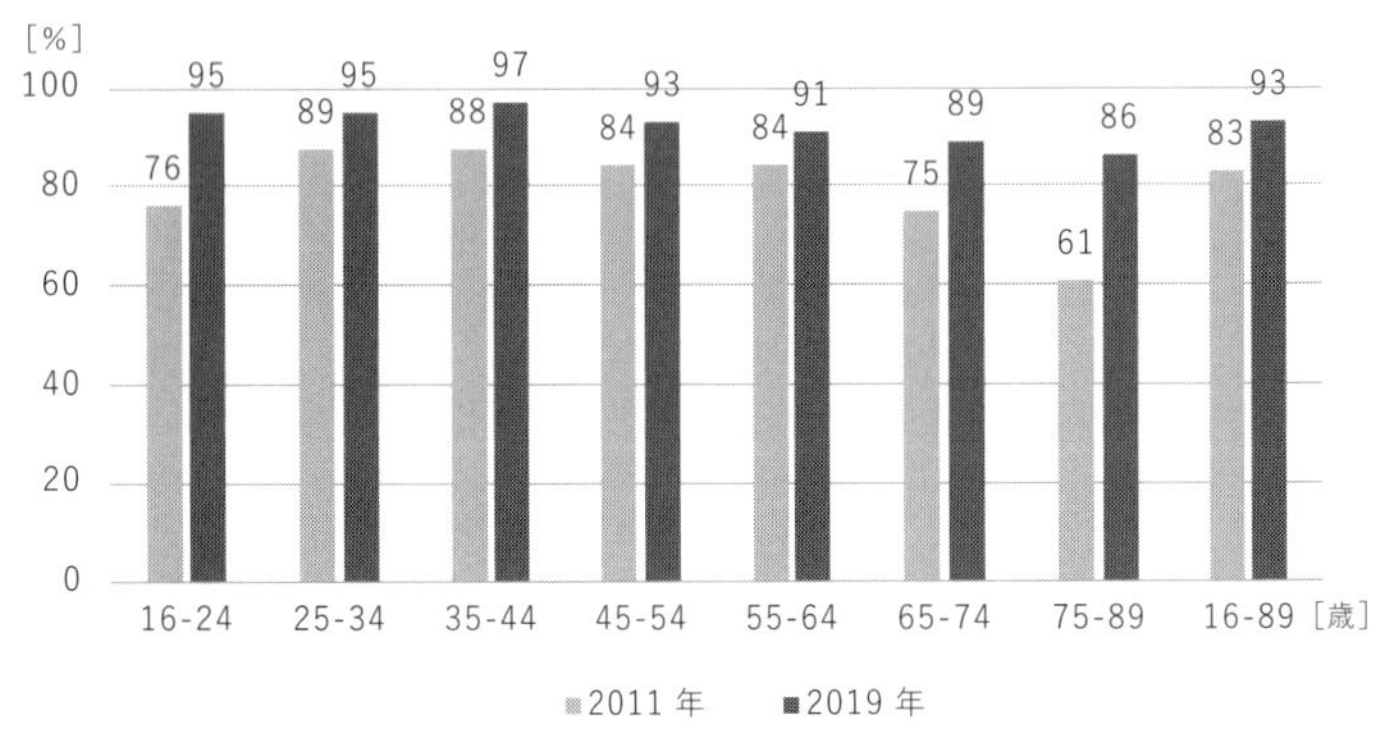

図 16　デンマーク人の年齢別インターネット利用率（2011 年と 2019 年の比較）
（出典：Danmarks Statistik、2011）

100％と言われている。高齢者は、長年デジタル・デバイドを解消すべき対象者とされてきたが、近年状況は大きく変わってきている。

すべての国民がデジタル手続きを利用しているとされるエストニアでは、デンマークよりもさらに強制的にデジタル社会に移行した。90年代に新しい国家の建設が求められたエストニアでは、政府だけでなく、多くの国民の間でデジタル化が国の繁栄のためには欠かせないものだという認識が共有されていた。ただし、利用率が100％といっても、エストニアのすべての高齢者がデジタルを十分に活用できているわけではない。家族の絆が重視されている国民性も手伝い、家族が高齢者のデジタル手続きを積極的にサポートしているのが実情だ。

エストニアやデンマークの状況からは、高齢者がデジタル化に対応できないわけではないということがわかる。高齢者であっても、使わなければならないと本人が納得できる理由、利用を促進する使い勝手の良いシステム、家族やコミュニティなどインフォーマルなサポートによって、デジタルを利用することは十分可能であり、このことは最新のＩＣＴ研究で明らかにされている。[*21]

5　プライバシーとセキュリティ

日本では社会のデジタル化に伴い、個人情報に関わるプライバシーとセキュリティが特に課題になっている。事実、北欧のデジタル社会の研究を行う筆者に寄せられる日本の行政や企業、メディアからの問い合わせで最も多いのが、「プライバシーは心配ないのか」「情報漏洩を避けるためのセキュリティは万全なのか」という点である。

電子政府の進展によって、より効率的なサービス提供が可能になる反面、なりすましや個人情報漏洩などの問題への対応が不可欠となる。では、センシティブな個人情報を扱う北欧のデジタル社会は、どのように安全を担保しているのだろうか。[*22]

北欧の個人情報の考え方

第一に、欧州の個人情報保護の考え方は、アメリカや中国のそれとは大きく異なる。ＧＤＰＲ

(EU一般データ保護規則)でも示されているように、欧州では、個人のデータは国家や企業のものではなく、本人のものだと考えられている。北欧では「個人情報は当人のものである」という前提に基づきデジタル社会が設計されているため、電子政府のシステムにおいて、個人情報を第三者が閲覧する場合、必ず本人の許可が必要である。行政職員であっても市民の個人データの閲覧制限は厳格で、データの連携は基本的に不可能、もしくは本人の承認を必要とする。業務遂行のために組織が個人情報を収集する場合でも、その収集された情報は組織のものではなく当人のものである。

たとえば、医療現場では、医師が医療判断を下すために検査を実施し記録をするが、その記録内容は患者当人のものである。そのため、前述のように、カルテの記載事項は患者本人が確認することができ、他国に持ち出すことも可能である(これは、GDPRで「データポータビリティの権利」と呼ばれる)。たとえその情報が、医師が医療サービスを通じて作成した情報であっても、それは特定の医療機関や医師に属しているわけではない。

都市情報も同様である。つまり、都市で収集される情報は都市を構成する人々やコミュニティの公共財であり、1企業が独占してよいものではない。これが都市情報のオープン化という欧州全域で見られる動きにもつながっている。

早くから社会のデジタル化に踏み切った北欧諸国は、年々深刻になるサイバーセキュリティの問題に真っ先に直面している。

２００７年、エストニアはサイバー攻撃のターゲットとなり、オンラインバンキングや政府のサイトが多大な被害を被った。その反省から、年に一度、ハッカーの祭典を実施し、専門家のスキルの向上と危機意識の醸成を図っている。さらに、サイバーセキュリティ教育を初等教育に組み込むという斬新なプログラムも導入した。すべての学生が受講するわけではないが、高いスキルを持つ学生を選抜して一流のハッカーたちの教えを受ける授業が全国規模で提供されているのだ。今後、サイバー攻撃は必ず発生すると考えられ、サイバーセキュリティに熟知した人材も大量に必要になる。だからこそ、優秀な人材の教育に投資し、今後起こりうる危機に対して備えているのである。

北欧諸国は、ＥＵと足並みを揃え「サイバー・情報セキュリティ戦略」を次々に発表している。デンマークでは、２０１５年にサイバーセキュリティ戦略を策定し、続いて２０１８年に「デンマークのサイバー・情報セキュリティ戦略２０１８―２０２１（Danish Cyber and Information Security Strategy）」（財務省）を策定した。２０２１年までの４年間で15億デンマーク・クローネ（約２８５億円）の予算が配分されるプロジェクトである。戦略には、「デジタル社会の安全性の確保」「市民の知識の向上」「官民協力体制」が三つの柱として示されているが、その目標達成のために、ＩＳＯ２７００１（情報セキュリティマネジメントシステムの国際規格）の導入、サイバーセキュリティセンターの設置、ＩＴ系大企業とのコラボレーション、プライバシーやセキュリティの知識を向上させるための教育プログラムの提供などが進められている。

利便性とセキュリティを両立させるしくみ

北欧では、情報管理の技術的対策がとられていること、セキュリティを守る法律を策定し遵守する社会システムが確立されていること、透明性・プライバシーへの配慮といった倫理的基盤が共有されていることで、より安全な個人情報の運用環境が構築されている。さらに、そのしくみについて国民の理解を得ていることは、技術的対策と同様に重要である。これが、北欧に居住する市民がプライバシーやセキュリティをそこまで心配しなくてすむ肝(きも)である。さらに、利便性を高めつつプライバシーの懸念を払拭し、安全性を高めるために、北欧諸国にはさまざまな知恵とイノベーティブなしくみが導入されている。ここでは、二つの興味深いセキュリティ対策の事例を紹介したい。

■人は誤るという前提に立ったしくみの設計

一つは、「人は誤るものである」という前提に立ってしくみを設計した、デンマークの税金申告のデジタル化の例である。デンマークでは、税金申告のデジタル化に際し、当人はデータ入力をせずに、第三者が記録し本人が最終確認するしくみを意図的に採用している。

たとえば、税金申告の際、税金を逃れることにインセンティブが働く個人は、収入を減らして申告しようとするかもしれない。しかし、その人の雇用者は給与額を減らして記載することに利益はなく、銀行も入金額を詐称したくはない。だからこそ、本人の税務記録は、雇用者や銀行が行うことになっている。こうして本人以外によって記載された税金申告書類はすべて、本人の承認プロセスを経て、税務局に提出されることになる。

人間は弱い生き物であるという前提に立つと、「良い人」でも時には魔がさすこともあるかもしれないし、誰も見ていない場所でちょっとした誘惑に負けることもあるかもしれない。そう考えると、本人の情報を本人が詐称できないようにするというのは、人にやさしいシステム設計なのだ。

■安心感を与えるデータベースのデザイン

もう一つは、データベース設計の例である。デンマークでは、社会サービスに関わるデータベースが70年代から構築されている。たとえば、個人の基礎情報データベース・医療記録データベース・税務データベースなどである。もともと単独で機能していた各種データベースの連携が可能になってからも、基本的に個人情報に関わるデータは、自動連携できないようになっている。たとえば、税務情報と社会保障情報はそれぞれ個人番号が付与され、個人が特定できるが、税務局の担当官が税務情報と連携した社会保障情報を覗くことはできない。公的な連携の必要性などがあった場合には、当人が連携を許可するプロセスを経て、データテーブルの連携・データ抽出が可能になる。

さらに、当人が自分の個人情報の閲覧者をオンラインで確認することができるように設計されている。たとえば、個人情報（住所など）に変更があった際、一部の組織には自動的に情報が提供されることになっているが、公共機関では病院・自治体・法務庁など5カ所程度、民間企業では銀行・年金基金・カード会社などの10社前後とそれほど多くはなく、個人と関わる組織すべてに個人情報が提供されることはない。自動的に情報が提供される組織名・会社名などの一覧は、個人のログインページから確認できるし、自分のデータにアクセスした組織や人物の名前が時系列で確認できる。過去には、個人情報閲覧記録を見て疑問を呈した市民がニュースになったこともある。アクセス権限を持っている医師が「不必要に自分のデータを閲覧したのではないか」と訴え、当該医師は知りあいに頼まれて興味本位で覗いたことがわかり処分された。このように、透明性を確保したシステム設計は、不正利用を防ぐとともに、利用者の安心感へとつながり、データ管理者に対する信頼を高めている。

北欧人のマインドセット

北欧の人々は、法律と行政機関によってデジタル管理されている個人情報のセキュリティについて信頼しているように見える。彼らは、個人情報が悪用される危険性について不安に思わないのだろうか。

■社会システムへの信頼

北欧の人々が電子政府を信頼する理由の一つに、一貫性を持って設計された社会システムが機能していることが挙げられる。ＥＵの指令に基づき国内法が施行され、情報セキュリティを保護する機関が設立され、ＩＣＴシステムや社会システムが透明性の高い運用を可能にすべく機能し、そのプロセスについて、国や行政は市民に丁寧に説明している。

たとえば、前述したように、国が管理している個人データは、その情報を必要とする病院などの組織の担当者が簡単に確認できると同時に、本人もデータおよび閲覧者の一覧を確認することができる。病院などの組織は情報収集や管理負担を軽減することができ、個人も情報提供の負担を軽減し、さらにデータ利用の妥当性の確認もできるため安心だ。こうしたしくみによって、政府が説明している通りにデータが収集・管理・運用されていることを市民は実感できる。

一般的な個人情報保護の議論において、法律に対応した情報セキュリティ対策や運用体制の整備だけでなく、市民に対しパーソナルデータの活用状況を可視化するといった透明性への工夫、価値観の多様性や意識の流動性に応じて拒否権を提示できるといった市民自身がコントロールできる工夫、それらについての丁寧な説明が重要だと考えられている。[*23] そして、北欧ではそのしくみが実現されているのだ。

もちろん、北欧において情報漏洩や不正アクセスがまったくないわけではない。実際、デンマークでは、コペンハーゲン・ビジネススクール（２０１６年）やカルンボー市役所（２０１７年）から個人情報が漏洩した事件、図書館のパソコンから個人情報が抜き取られた事件（２０２０年）などがあるが、なかでも、２０１３〜16年の間に海外で任務にあたっていた3千人の軍人の個人情報が軍外部にリークされていた事件（詳細は明らかにされていない）は国民を震撼させた。しかしながら、こうした事件が発生するたびに知識や対策が蓄積され、システムの安全性やセキュリティの向上につながっている。前述したデンマークの医師の不正アクセス事件が起きた際には、メディア報道やプレスリリースなどを通じて、問題が適切に調査され改善されたことが市民に周知された。この事件の報道を通じて、自分のデータに誰がアクセスをしたのかをオンラインで確認できるということを知った市民も多く、国全体で情報セキュリティへの認識が向上するきっかけにもなった。

■個人情報をオープンにする文化

北欧では、日本であれば他者と話しにくいプライベートなことでも、オープンに話す文化がある。それも昼食時にまるで天気のことを話題にするかのように、とても気軽に話すことも多い。たとえば、自分が養子であるということや、数週間前に離婚したこと、子供が大変な病気にかかっていることなど、日本では一般的に他人に話すことを避ける話題であることも多い。また、街中のアパートの住人が窓を開け放して、通りから部屋の中が丸見えな状態で生活していたりするのも日本人が見たら驚くだろう。北欧諸国では70年代頃に、平等主義などの思想が広がったこともあり、この50年間でプライベートを隠さない文化が醸成されてきたようだ。

だが、こうしたオープンな文化は一朝一夕に形成されたものではない。実際、デンマークでも1968年に個人番号が導入された際には懸念を示す人もいたという。個人を番号で管理するのはナチスドイツ時代の記憶を呼び起こすと、その反発は大きく、自分の番号を他人には決して言わなかった人もいたそうだ。一方で、まったく問題視せず、自分の個人番号を楽曲のタイトルにしたポップミュージシャンもいた。

国や文化が異なっても、人は同じように個人情報の公開や受け渡しに対して不安を感じるだろう。ただ、長期的に自分の利益につながることが認識されると、当初あった不安や疑惑の芽はいつの間にか消えていく。少なくとも現在、北欧では個人番号に対する反対運動や否定的な意見は聞かれず、多くの人が、公的機関などの信用できる相手に対して、個人情報を提供している。

■完璧なものはないという認識の共有

実際、情報漏洩やサイバー攻撃は北欧でも時々起こる。ただそれは、注意喚起や改善の契機となるが、「デジタル化をやめよう」といった議論は起こらない。なぜなら、完璧な人もいなければ、完璧なシステムも存在しないという前提を人々が共有しているからだ。最悪の事態をいかに回避するか、問題が発生したときにいかに被害を最小限に抑えるか、そしてどのように再発を防ぐかという考えに基づいて社会が設計されている。

現在、広く評価されている北欧の電子政府であるが、技術の進展や社会状況の変化に伴い新しい施策が次々に提示され、日々システムやセキュリティがアップデートされている。セキュリティの強化と悪質なサイバー攻撃はいたちごっこで、電子化の利便性と危険性は常に隣りあわせである。そうであったとしても、便利で安全なデジタル社会の設計は可能だ。その鍵となるのは、システムの透明性と個人への説明責任、そして個人情報を扱う機関への信頼、各人の適切な知識の獲得であることを、北欧の現状は示している。

個人情報保護が拓く新市場

ＧＤＰＲは、導入期には北欧諸国でも多くの混乱を招いてきた。しかしながら、マイナス点ばかりではない。注目すべきは、ＧＤＰＲは、前述のプライバシー保護が第一の目的ではあるものの、「アメリカ資本のグローバルなプラットフォーム企業に囲い込まれつつあるＥＵ市民の個人データを、ＥＵ市民の手に取り戻す」ものであると同時に、「スタートアップを含めたＥＵ企業のデータ市場への参入を促進しようとするもの」とされる。[*24]

日本の横河電機によって２０２０年に買収されたデンマークのグラスパー社（Grazper Technologies ApS）は、ＧＤＰＲに準拠したＡＩ監視システムを開発する。このシステムは、個人情報を記録することなく行き交う車の台数を記録するなどの方法で、情報セキュリティの安全性を担保している。

ＧＤＰＲは、監視システムなどを開発する企業にとっては、ビジネスの根幹を揺るがす障害になりうるものだ。しかし、ＧＤＰＲなしには、北欧企業はこのような技術の開発に目を向けることはなかっただろう。また、２０００年代には、北欧の多くの労働集約型産業が東欧に移動し、産業の空洞化が深刻になっていたが、現在北欧ではデジタルソリューションをグローバルに提供する企業が増え、大きな産業となりつつある。欧州の個人情報保護の潮流は、データビジネスにおける欧州企業の優位性を今後形成していくかもしれない。

6 人を幸せにするテクノロジーの追求

テクノロジーは、社会のために有益である反面、人々を脅かすこともある諸刃の剣である。だからこそ、北欧では、自分たちがテクノロジーをどのように使うべきか、使いたいかといった議論が活発に行われてきた。

欧州では一般的になりつつある、ブラックボックスともいえるディープラーニングなどの高度なＡＩ技術について、その技術的可能性だけでなく、倫理的観点から問い直す「説明可能なＡＩ(Explainable AI)」という議論は、その最たるものだろう。ＡＩが高度化することで、人間にとってＡＩが結果を導きだすプロセスを解釈することがますます困難になる。「説明可能なＡＩ」とは、

ＡＩの開発・提供側が、機械学習が生みだすアウトプットを人間が理解でき信頼できる形にしようとする取り組みで、公平で透明性のある意思決定モデルを確保しようとしている。

北欧各国はＡＩ戦略を策定し、その中でＡＩの倫理的利用の重要性を明確化している。この動きは、行政だけでなく民間にも見られ、大手ＩＴ企業もＡＩ利用の倫理指針を発表している。

北欧諸国では、こうしたテクノロジーの使い方に関する活発な議論の中で、人を幸せにするテクノロジーを追求してきた。筆者（安岡）は、ロスキレ大学での研究および北欧研究所での調査活動を通して、過去20年にわたり「私たちの幸せを向上するためにＩＣＴは何ができるか？」という問いを追求してきた。北欧で生まれた「人を幸せにするテクノロジー」を「ハピネス・テクノロジー」と呼び、テクノロジーがいかに人々の生活に恩恵をもたらすかを研究してきた。[*25]

たとえば、食物廃棄を減らすために店と消費者をつないだり、[*26] 病院の時間外にオンラインで診療を受けられたり、うつ病を予防するためにストレスをコントロールしたり、[*27] こうした日常の困りごとをテクノロジーを活用して解決しようとするさまざまな取り組みが広く行われている。

■Too Good To Go：店と消費者をつないでフードロスを減らす

テクノロジーを活用して食物廃棄を減らす取り組みは多種多様だが、たとえば、２０１５年にデンマークでローンチされた「Too Good To Go」は、店と消費者をつないでフードロスを防ぐプラットフォームを提供するアプリである（図17）。現在ではノルウェー、スペイン、イギリス、ド

左頁上：図17　Too Good To Goのアプリ画面。店と品物のリスト（左）、地図で現在地から店までの距離を表示して品物を探すこともできる（右）
左頁下：図18　利用者はパンや野菜などを安価で購入できる（以上出典：Too Good To Go）

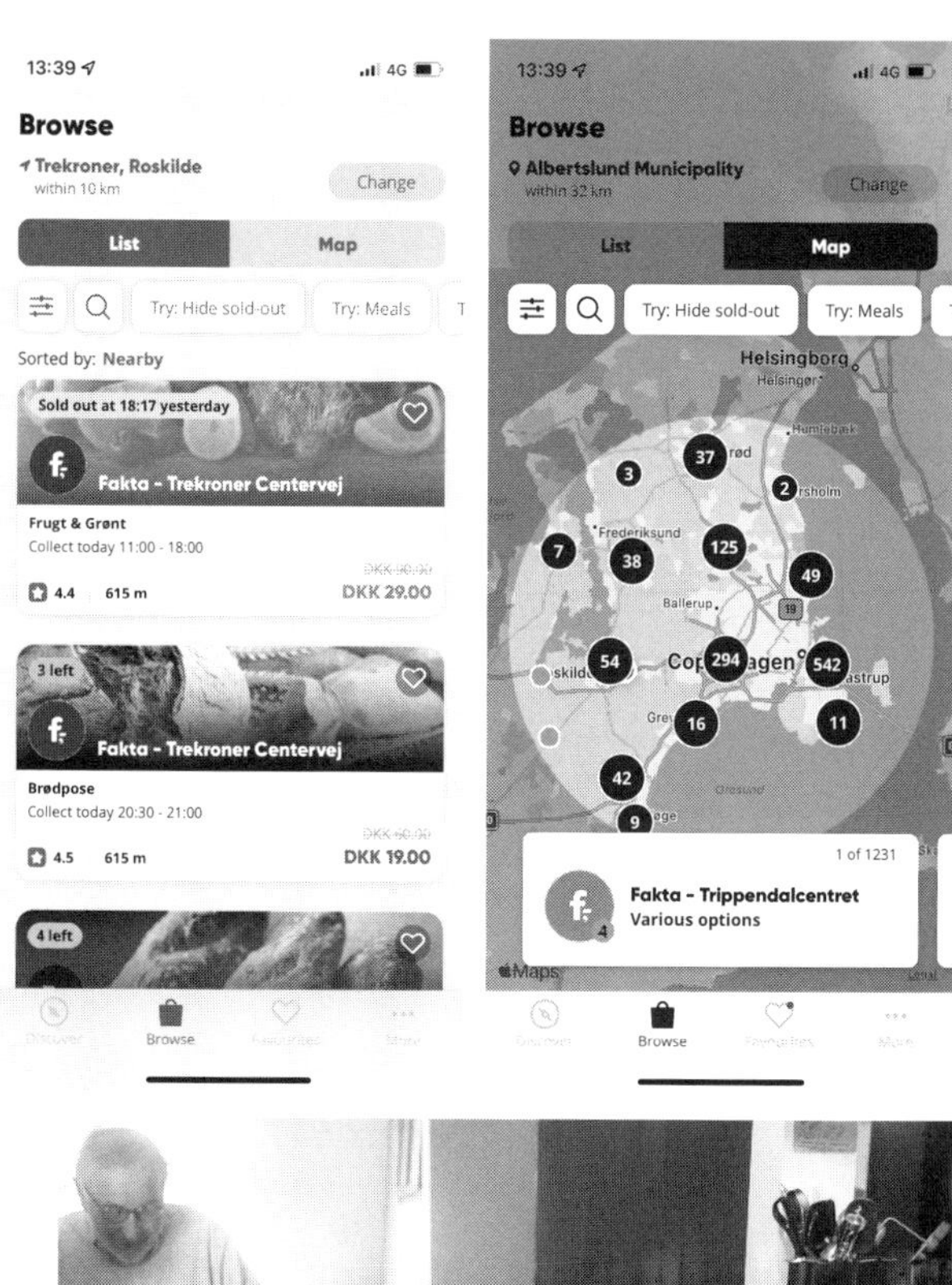
13:39
Browse
Trekroner, Roskilde
within 10 km
Change
List
Map
Try: Hide sold-out
Try: Meals
Sorted by: Nearby
Sold out at 18:17 yesterday
Fakta - Trekroner Centervej
Frugt & Grønt
Collect today 11:00 - 18:00
4.4
615 m
DKK 29.00
3 left
Fakta - Trekroner Centervej
Brødpose
Collect today 20:30 - 21:00
4.5
615 m
DKK 19.00
4 left
Browse
13:39
Browse
Albertslund Municipality
within 32 km
Change
List
Map
Try: Hide sold-out
Try: Meals
Helsingborg
Frederiksund
Ballerup
1 of 1231
Fakta - Trippendalcentret
Various options
Maps
Browse

Too Good To Go

イツ、オランダなど欧州圏内で広く展開している。

このプラットフォームのしくみは、まずベーカリーやレストランなどが、その日に廃棄処分される商品を夕方近くにアプリにアップする。利用者は、アプリで店を選択して廃棄予備軍の商品を定価より安く購入した後、店に行き商品を受け取る（図18）。利用者は、希望の品目（レストラン、ベーカリー、野菜・果物、特別提供品）や受け取り時間などの検索条件で商品を絞り込むこともできる。また、消費期限が迫る廃棄物予備軍はパンにせよ野菜にせよ迅速な取引が不可欠であり、オンラインのpeer-to-peerのしくみはこうした取引に向いている。店は本来処分するはずの食材を売って利益をあげることができ、利用者は安く食物を購入できる。店と顧客の両方を満足させるwin-winの関係を築けるアプリである。

■私のビデオドクター：オンライン診療サービス

デジタル化が進む北欧では、オンライン診療が医療費削減や医療の効率化の一手段として位置づけられ、コロナ禍以前からすでに導入されていた。利点は、医療費削減だけではない。患者にとっても通院が不要になるのはメリットだ。オンライン診療が導入されているのは、主に、対面式の診療でなくても十分な質のケアを提供できると判断された領域である。具体的には、妊婦の定期診察や早産の子供がいる家庭のサポート、メンタルヘルス疾患の治療などである。公共の医療機関が、システム開発をする民間企業と協働し、使い勝手の良いサービスとツールを提供している。

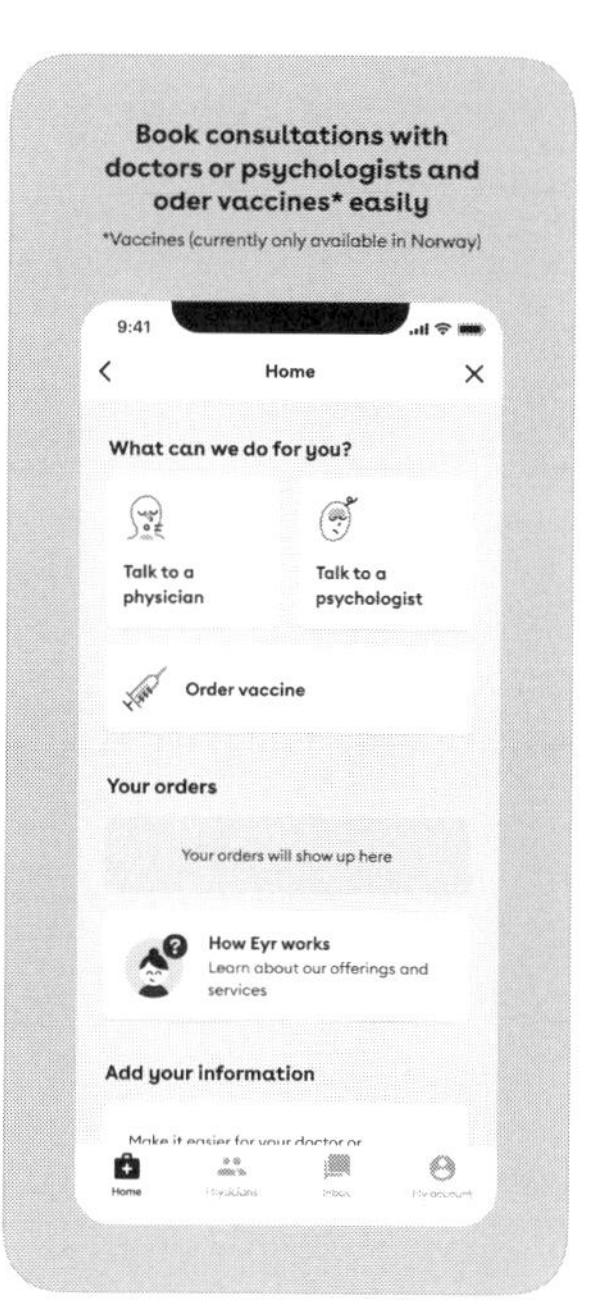

図19　デンマークで開発されているオンライン医療アプリ Eyrの画面
（出典：Eyr Medical As）

たとえば、デンマークのイノベーション局が毎年、デジタル技術を活用した優れた公共部門の取り組みを表彰するデジタル賞を受賞したホルベック病院では、オンライン医療アプリ「私のビデオドクター（Min VideoLæge）」を活用し、オンライン診療を導入している。1カ月75デンマーク・クローネ（約1400円）で定期サービスの登録ができ、未登録者でも1回250デンマーク・クローネ（約4700円）でオンライン診療を受けられる。平日は16〜21時、土日曜は9〜14時半まで診察を受けつけ、診察は医師免許を有する民間ドクターが行う。デンマークは90％の市民が公共医療を利用するが、病院の開業時間外は家庭医への連絡はできない。オンライン診療は、家庭医の開業時間外にも診察を受けられ、手軽に診察を受けたい人たち向けのサービスとなっている（図19）。

■スモンド：ストレスをコントロールし、解消法をサポート

ストレスをコントロールするアプリは世界中でさまざまなものが開発されている。近年ストレスを感じる人が増えていると言われるデンマークでも各種ストレス・コントロールアプリが開発されている。背景として、うつ病の治療はとても困難で長期化する傾向にあること、そしてそれを避けるためには日常的にストレスを溜め込まないことが重要であるという共通認識がある。デンマークでは、医療費が国家負担となっているため、高額治療が必要になるうつ病を発症する前に予防することを目指している。ストレス対策と比べ、うつ病治療にはより高額な医薬品や長期治療が必要になるからこそ、うつ病予防が国のヘルスケア施策における柱の一つとなっているのだ。

スモンド社（Sumondo）は、今、デンマークで注目されているストレス・コントロールアプリを開発するヘルスケア・スタートアップ企業だ。２０１５年設立のスモンドは、ストレス分析アルゴリズムを使って定期的にストレス分析を実施する機能を備えたアプリを開発している（図20）。スモンド・アプリでは、具体的には心拍変動（ＨＲＶ）を用いて、対象者のストレスレベルを測定し、その心拍数から計測されたストレスレベルがアプリに表示される（図21）。ＨＲＶをコント

上：図 20　スモンドのアプリとウェアラブルデバイス
中：図 21　心拍変動を使ってストレスレベルを測定する。ストレス分析は定期的に 5 分程度実施することが推奨される
下：図 22　ストレスを解消するメニューも提供する
(以上出典：Sumondo)

ロールすることでストレスに強くなると言われており、それを可視化して個人のストレス・コントロールを支援する。

スモンド・アプリは、心拍変動からストレスレベルを分析することが主な機能ではあるが、注目される理由はそれだけではない。ストレスを長期にわたって溜め込まないようにするストレス予防機能やストレスを軽減する機能が充実しているのだ。具体的には、科学的にも立証されている深呼吸、瞑想、音楽といったストレス解消法をサポートするしくみを提供している（図22）。

スモンド・アプリがデンマークの地方自治体、精神病院やストレス対策関連団体、患者団体に受け入れられているのは、そうした当事者たちと共同研究や開発を進めてきたからだ。デンマーク工科大学と音楽セラピーの実験やバイタルデータ分析といったプロジェクトを実施し、機能の効果測定も進めている。このような産官学民連携で関係者やユーザーを巻き込んだ共創による新しいサービスやシステムの開発は、まさにデンマーク的なアジャイルかつイノベーティブな開発の仕方である。現在スモンドは、ウェアラブルセンサーの改良を進めるため、投資家および共同で技術開発に取り組むメーカーを探している。

新しいテクノロジーが社会に普及するには、技術が進化することだけでなく、ビジネス上の妥当性や利用者や提供者にとっての使い勝手の良さが不可欠になってくる。北欧で実装されている人を幸せするテクノロジーは、それを体現する取り組みと言える。

［3章］

スマートシティが新しい産業を生みだす

Nordic Smart City

2章では、スマートシティを支えるデジタルインフラが人中心に設計され、どのように生活を豊かにしているかを紹介してきた。とはいえ、生活の豊かさはそもそも経済が持続可能でなければ成り立たない。北欧のスマートシティでは、人々の幸福の追求と産業の発展の両立が目指されている。

北欧のスマートシティでは、「環境配慮」「生活の質の向上」に関する情報通信・環境技術の導入が各都市で進む。それを支えているのが、街を実験場に見立てた「リビングラボ」（6章参照）の取り組みだ。人々が生活し、活動する街を舞台に、街から収集されるオープンデータを活用した実証実験を行い、エビデンスベースのトライアンドエラーが可能なエコシステムを構築することで、国内外の企業からの投資や産官学民のコラボレーションを実現している。組織や分野の枠組みを超えた共創に力を入れる北欧では、新しい産業の育成に注力し、領域を横断したシームレスなサービスが次々に生まれている。

このような動きは世界的にも見られる。たとえば、国際エネルギー機関（IEA）の調査（2019年）によると、クリーンテック（再生不可能な資源の利用を限りなく減らし、資源と環境の保護を最大化するテクノロジー）への投資は、世界の全投資額の36%を占めているという。[*1] 世界的なSDGsの流れから、クリーンテック分野が政治的に支援され、関連産業の振興が推進されている。もはや、「持続可能な開発は、社会的必然性であるだけでなく、信じられないほどの経済的機会にもなっている」[*2]のである。「環境政策は成長戦略である」と言い切る北欧は、この大きな流れの一翼を担っている。

本章では、街を舞台にしたデジタルテクノロジーの活用が、いかに産業の育成・振興につながっているかを、グリーンモビリティ（1節）、クリーンテック（2節）、ヘルステック（3節）、フード・イノベーション（4節）の分野から紹介したい。始まったばかりのスマートシティの取り組みにおいて、大きな経済的成果をすぐにもたらすことは難しいかもしれないが、近い将来の飛躍につながる兆しをすでに垣間見ることができる。

1 グリーンモビリティ

北欧各国では、環境に配慮したモビリティ（移動手段）＝グリーンモビリティの支援が喫緊の課題となっている。人が集まる大都市では交通渋滞が絶えず、自動車の排気ガスによる大気汚染が深刻化しているからだ。一方、地方都市では過疎化の影響で公共交通の路線削減や廃止といった別の問題を抱えている。より持続可能な移動手段として、グリーンモビリティはどの国にとっても重要な都市戦略の一つだ。

デンマークは国土が狭く、気候や自然環境が他の北欧諸国に比べ穏やかな土地柄もあり、自転車・歩行者優先のグリーンモビリティに注力している。一方、自動車産業が強いスウェーデンではもう少し緩やかな自動車との共存が目指されている。またノルウェーでは、国の政策が功を奏し、潤沢な水力発電による電力を背景に、電気自動車の利用が増加し、充電ステーションなどのインフラ整備が進む。フィンランドは、夏はもちろん、厳しい冬にも快適に移動できることを目指し、公共交通手段を整備することで都市部の自動車交通量の削減を狙っている。このように、小国の集まりである北欧には、各都市の事情に合ったサステイナブルで多様なグリーンモビリティが模索されている。そして、モビリティには多様な産業が関わるため、さまざまな波及効果も生まれている。

ここでは、グリーンモビリティとして、今北欧で注目されているMaaS、自転車、電気自動車の取り組みを紹介しよう。

スタートアップが牽引するMaaS

MaaSとは、「Mobility as a Service」の略であり、移動手段の最適化を目指すだけでなく、シームレスな移動サービスを実現するコンセプト、またはそのしくみのことである。今まで個別の事業者ごとに提供されていた移動サービスを、マルチモーダルにつながるサービスとして展開することで、利用者の利便性向上、交通事業者のサービス改善と収益の向上が期待されている。

北欧のMaaSは、スマートシティを実現するための手段の一つだ。スマートシティの最終目的は、さまざまな社会課題に対して、デジタルテクノロジーを活用することで解決策を見出すこと、そして何よりも、それによって人々のより快適で幸せな暮らしを実現することであり、MaaSもその手段の一つである。

北欧では、次に紹介するフィンランドの「ウィム（Whim）」のように、世界に先駆けてMaaSが導入されてきたため、公共交通機関やライドシェア等で先進的な技術を取り入れていると思われがちである。だが、「自転車を持って電車に乗り込める」といった、技術とは関係ない方策が鍵となる場合もある。アナログでユニバーサルな考え方がもともと社会に根づいていたことも、北欧型MaaSの普及を後押しした。

最近では、地方型MaaS、観光型MaaSといった産業振興を支えるMaaSの可能性も注目されている。地方型MaaSでは、複数のサービス主体を組みあわせることでサービスの穴をなくし、過疎地域の移動を支援することも目論まれている。観光型MaaSは、旅行者の利便性を高め、地方型と掛けあわせて過疎地域の観光活性化に役立てる狙いもある。たとえば、観光客が駅や空港から二次交通（バス・タクシー・カーシェアリングなど）をスマホで検索・予約・決済し、目的地までシームレスに移動できるという観光型MaaSでは、近年のAIやディープラーニングのアルゴリズムを活用して目的地のおすすめスポットを案内することもできるようになっている。このように、MaaSは単に移動サービスを向上させるだけでなく、多様な産業やビジネスと連携することが可能なのである。

北欧のMaaS業界では、グローバルに羽ばたく企業や産業、多くのスタートアップが生まれ、投資が集中している。そんな北欧のMaaSを、産業化の観点から具体的事例を織り交ぜて紐解い

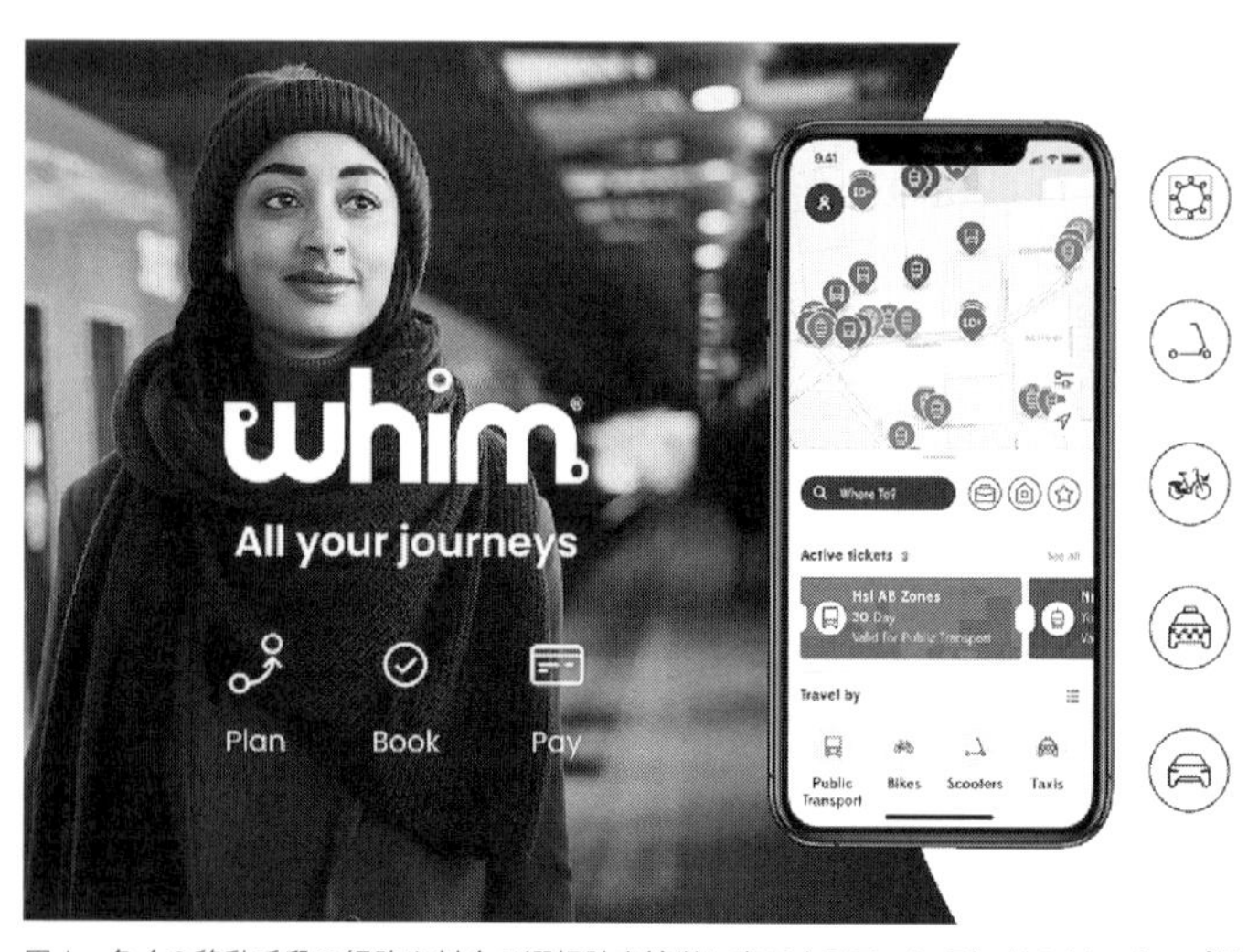

図1　多くの移動手段の経路や料金の選択肢を簡単に表示するフィンランドのMaaSアプリ、ウィム（出典：MaaS Global）

ていこう。

■ウィム：北欧の先駆的MaaSサービス

MaaSで北欧に注目が集まったのは、ヘルシンキ生まれのサービス「ウィム（Whim）」が始まりだといわれる。フィンランドの運輸通信省の支援のもと、マース・グローバル社（MaaS Global）が2017年に立ち上げたスマートフォン・アプリベースのサービスで、目的地を入力することで、公共交通機関を利用するいくつかの経路と料金の選択肢が表示され、決済もできる（図1）。ウィムが提示する経路には、Uberや乗り捨て型カーシェアリングのドライブナウ（DriveNow）などは含まれないものの、多くのレンタカー・シェアサイクルサービスが組み込まれ、首都ヘルシンキでの移動の選択肢を広

図2　フィンランドで人気のシェア電動スクーターもMaaSで選択可能
（出典：©Laura Dove／Helsinki Partners）

げ、便利にしている（図2）。

ウィムはもともと、ヘルシンキ市の環境対策、自動車渋滞の解消といった切実なニーズから始められたプロジェクトだった。その後、マース・グローバル社は、着実に事業を拡大し、2019年にはベルギーやイギリスでもサービスを開始した。さらに、2019年1月には北欧やバルト諸国のIT企業に投資する日系ファンドとして設立されたノルディック・ニンジャ（Nordic Ninja、4章参照）がマース・グローバル社に初めて投資し、その後9月には日本の三菱商事が出資を決めるなど、世界の投資が小国フィンランドのMaaSに集まっている。

■ライゼコート：公共交通の移動を最適化するICカード

コペンハーゲンで、2010年に公共交通機関全般で使える交通系ICカード「ライゼコート（Rejsekort）」の利用が開始された（図3）。日本のSuicaのような交通系ICカードで、このカード1枚でデンマークの公共交通機関はほ

上：図３　デンマークのほぼすべての公共交通機関で利用できるライゼコート
下：図４　デンマークの電車内には自転車を持ち込むことが可能

ぼすべて利用できる。電車・メトロ・バスなどの複数の事業者の連携によって実現したしくみだ。住民向けの銀行口座と連携したカードとビジター向けの無記名のカードの２種類があり、前者は紛失したときのセキュリティも強化されている。

デンマークの都市部では公共交通料金にゾーン制を取り入れているが、慣れないと意外とわかりにくい。しかし、このライゼコートがあれば、煩雑な切符の購入は不要で、これ１枚で電車・バス・海上バスが利用可能だ。また、ライゼコートで、電車に自転車の持ち込みを選択することも可能だ。コペンハーゲンでは、移動に自転車と公共交通機関を併用する市民が多い。自転車関係の各種レポートでも、自転車利用者の多くは、出発地から目的地までCycle to Train to Cycleという混合型利用をすることが指摘されている。電車の中に自転車を持ち込んだ通勤・通学はこの街の日常風景なのだ（図４）。

街を移動しやすくするライゼコートは、直接的・間接的にデンマークの市民だけでなく旅行者にもシームレスかつ快適な移動体験を提供し、より積極的に移動を促すツールとなっている。日常生活においてストレスフリーに移動できる市民は、自分の街がもっと好きになり誇りを持つかもしれない。快適な時間を過ごせる旅行者は、もっといろいろなところに行きたい、そしてまたデンマークを訪れたいと思うかもしれない。ライゼコート社の２０１９年の報告書によると、カードのアクティブユーザー数は３１０万件、前年比14％の収益増につながっている。

街に広がるサイクルロード

デンマークでは、10人に9人が自転車を保有していると言われる。首都コペンハーゲン市民の49%が通勤・通学に自転車を利用しており、自転車はデンマークで最も主要な移動手段となっている。日本の通勤ラッシュでは自動車の渋滞が発生し、電車が満員になるが、コペンハーゲンでは自転車の渋滞が発生する。デンマークの都市交通コンサルティング会社のコペンハーゲナイズ・デザイン社（Copenhagenaize Design）が2年に一度実施する「世界の自転車にやさしい都市ランキング」[*3]で、コペンハーゲン市は2019年に1位を獲得している（2位はアムステルダム、3位はユトレヒト）が、その背景には、国の環境政策と自転車利用を支える各種産業の取り組みがある。

コペンハーゲン市は、都市の排気汚染対策として、自転車利用の促進を前面に押し出した道路空間の再編に取り組んでいる。政策の一環として、車道の縮小、自動車の相互通行から一方通行への変更や通り抜け不可への変更などを積極的に行い、空いたスペースには自転車専用道路を整備、車道と歩道の間にある自転車道の拡張、自転車専用橋の設置を行うなど、2009~18年の10年間、合計10億デンマーク・クローネ（約190億円）の予算を自転車インフラに投資している（図5）。さらに、自転車ハイウェイの敷設、自転車用信号機の設置、駐輪場の充実などの政策も次々実施している。現在、コペンハーゲン市内の主要道路には、2車線の走行車線と1車線の追い越し車線を備えた自転車道が整備され、コペンハーゲン首都圏エリアの31市にまたがる、10ルート、全長

図５　北欧の都市では既存道路の自転車レーンの幅を広くし、
車道を段階的に縮小している

１８２kmの自転車スーパーハイウェイ（高速道路）が敷設されている（図６）。

興味深いのは、自転車道などのハード整備のみでなく、自転車利用者を増やし、より楽しく快適

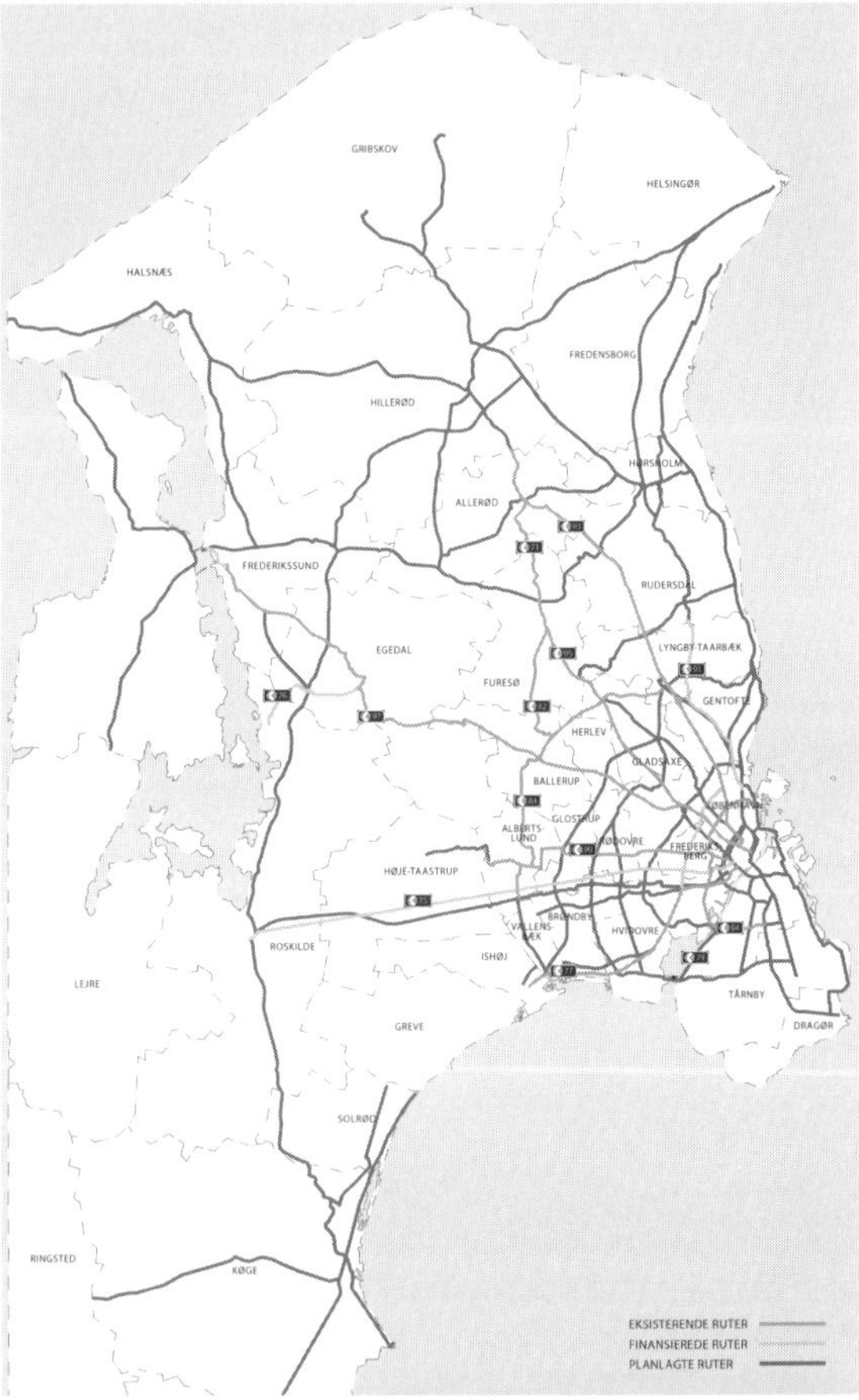

図7　自転車用ルート案内アプリ、サイクルプラン（出典：Cycle Plan）

に利用ができるようなソフト面の充実も図られている点だ。こうしたハードとソフト両面でインフラが整えられることで、瞬く間に街のあちこちで自転車関連ビジネスを目にするようになった。ソフト面の充実に関しては、たとえば、自転車専用ルート検索アプリ「サイクルプラン」や自転車レンタルアプリ「ドンキー・リパブリック」が登場し、街中に自転車レンタルショップなどが続々と出現している。

■サイクルプラン：自転車専用ルート案内アプリ

自転車道路をより有意義に活用しようと、デンマークの民間企業はさまざまなサービスを展開し始めている。その一つである「サイクルプラン(Cycle Plan)」は、オープンデータである地理空間情報、交通データなどを用いた、サイクリストのための自転車専用ルート案内アプリである。*4

サイクルプランは、サイクリスト向けのルート検

右頁：図6　コペンハーゲンと近郊都市をつなぐ5〜30kmの自転車スーパーハイウェイ（出典：Supercykelstier）

索が主な機能で、非常にシンプルなしくみだが、細かなところまで使い勝手が工夫されている。たとえば、自転車では走りにくい石畳や一方通行を避けたルートがデフォルトで提示される。石畳はサイクリストの手首に衝撃が大きく、また自転車の交通ルールが厳しいデンマークでは、一方通行道路の逆走は罰金の対象になるからだ。ルート検索をすると、最短ルート、快適ルート、電車やメトロ（地下鉄）を使うルートの3種類が表示され、選択が可能だ（図7）。

■ドンキー・リパブリック：自転車レンタルアプリ

２０１４年に創業、２０１５年にコペンハーゲンでローンチされた自転車レンタルアプリ「ドンキー・リパブリック（Donkey Republic）」は、自転車のレンタルを24時間いつでもどこでも可能にしている（図8）。使い方は簡単で、スマホアプリで電気錠を操作し、使い終わったら乗り捨てエリアに戻すだけだ。レンタル時間は自由に選べ、５分でも１日でも貸出時間に応じて課金される。利用者は、旅行者が中心だが、市民も利用する。

実は、コペンハーゲンでは自転車の盗難が多い。悪意を持った盗難ももちろんあるが、街中で酒に酔って歩いて帰る代わりに付近に停めてある自転車を拝借し乗り捨ててしまうというケースが多いと言われる。ドンキー・リパブリックのサービスがあることで、「拝借」ケースは減少するかもしれない。

ドンキー・リパブリックの設立者の2人、エダム・オヴァーキとアレクサンダー・フレデリクセ

図8　ドンキー・リパブリックのアプリで貸し出し手続きをする利用者
（出典：Donkey Republic）

ンの志は高く、「自転車は社会をより幸福に健康にしてくれるし、街をよりスマートにし、環境にもっとやさしくなれる。ドンキー・リパブリックは、世界中で、都市におけるモビリティに良い影響を及ぼしたい」と語っている。*5

ドンキー・リパブリックは、2015年にサービスをローンチしてから1年間、投資家から支援を受けながら、市民や旅行客への利用テストを繰り返し行った。そして、2016年2月には隣国スウェーデンのマルメ市に、同年11月にはイギリスほか10カ国に進出し、現在13カ国57都市でサービスを展開している。

同様の自転車利用を推進する交通政策は北欧各国で見られ、たとえばスウェーデンのルンド市、デンマークのオーデンセ市、ノルウェーのクリスチャンサン市などが先進的な取り組みを実施している。

電気自動車の推進

北欧では、デンマークが最初に電気自動車（ＥＶ）の開発に取り組み始めた。１９８７年にエンジニアのスティーン・Ｖ・ジェンセンによって開発された小型ＥＶ「Ellert」に始まり、１９９１年には機械工のクヌーズ・エリック・ベスタガードが「Kewet-EJ Jet」を開発している。Ellertは5千台、Kewet-EJ Jetは1千台を販売したが、政府の支援が限定的で、技術的な欠陥もあったことから、その後の販売は伸び悩んだ。次に北欧諸国で電気自動車への関心が高まったのは、２０１０年前後のことだ。

２０１０年頃から、デンマーク、スウェーデン、ノルウェーは、政府の環境政策の一環として、積極的に電気自動車の普及に取り組み始めた。２０１１年、デンマークは、２０５０年までにカーボンニュートラルにするという政府目標を掲げ、電気自動車をスマートグリッドに接続し、風力発電などの再生可能エネルギーと連携させることを構想した。スウェーデンも同様に、２００９年のエネルギー戦略において２０３０年までに国内の自動車の化石燃料への依存を脱し、２０５０年までにカーボンニュートラルにするという政府目標を立てた。

両国とも、電気自動車推進のために、自動車登録税や所有税の免除制度を導入し、地方自治体の所有車両を電気自動車に転換したり、新規に購入するバス車両を電動車種に限定するなどの措置をとってきた。政府目標に呼応して民間自動車メーカーでも、２０２１年3月にはボルボ社が

2030年までに電気自動車のみを製造販売する専業メーカーになることを宣言するなどの動きが見られる。

一方、フィンランドでは、電気自動車を推進するインセンティブの導入や個人所有を拡大する政策は見られない。背景には、電気自動車の所有コストが高いこと、長距離ドライブを日常とするフィンランド人にとって電気自動車の充電インフラの整備不足、燃料電池の走行距離が依然として短いことが、電気自動車の普及を阻害していると言われる。では、国内の公共交通利用はどうだろうか。実は、フィンランドでは公共交通は移動手段のわずか11％を占めるにすぎないので、今の状況では徹底した電気自動車の導入にはつながらないと見られている。しかしながら、近年は、公共交通に電気自動車を利用する例も散見されるようになった。

■ガチャ：日本とフィンランドの企業が共同開発した自動運転バス

ヘルシンキでは、2019年に日本の良品計画と連携して自動運転技術を利用した無人シャトルバス「ガチャ（Gacha）」の導入が発表された（図9）。フィンランド企業センシブル4社（Sensible 4）がテクノロジーを開発、良品計画が車両をデザインした。センシブル4は、アアルト大学出身のハッリ・サンタマッラらによって2017年に設立されたロボティクス企業で、雨でも雪でも強風でも、人々が快適に移動できるモビリティ機器の開発を進めてきた。設立翌年の2018年には良品計画とデザイン提携し、2019年には街中でガチャの実証実験を実施している。

図9　日本の良品計画とフィンランドのスタートアップ企業センシブル4が連携して開発した自動運転シャトルバス、ガチャ（出典：©Justin Hirvi／Sensible4）

センシブル4がガチャを開発するにあたり、将来のスマートシティに必要なモビリティの方針として、以下の四つを掲げている。①誰かが所有している車ではなく、電気で走る自動運転車であり、皆で共有するモビリティであること。②モビリティは、大気汚染の発生源ではなく、街の環境を快適にするものであること。③いつでもどこにでも自由に移動することを手助けすること。④車中心ではなく、街に住む人に場所を提供するモビリティであること。人を中心にモビリティを考えているところがいかにも北欧らしい。

このガチャのプロジェクトは、ヘルシンキ市の野心的な宣言「2025年に、世界初の、市民が自動車を所有しなくてもいい街にする」を背景として進められたものであり、良品計画とセンシブル4という民間企業によって推進され、実証実験で市民が実際に利用して使い勝手、乗り心地等をフィードバックする産官民連携プロジェクトである。センシブル4は、ヘルシンキでの実証実験開始から、さらに実験の場を広げ、日本の伊藤忠商事やノルディック・ニンジャなどの海外からの投資を呼び込み、急速にビジネスを拡大している。

■世界で最も電気自動車が普及するノルウェー

北欧各国における電気自動車の利用状況はさまざまだが、個人所有の電気自動車を普及させるための強いインセンティブは、価格競争力、そして充電スポットをはじめとした使い勝手の充実にあると言われる。この二つの条件を真っ先に満たしたのが、電気自動車の普及率が世界で最も高いと言われるノルウェーである。

ノルウェーの統計局によると、2021年の自家用車の新車販売台数（289万台）のうち、電気自動車が46万台で約16％を占め、世界の電気自動車の販売ランキングで6位に入る。その背景には、政府の環境政策の推進、70年代に発見された北海油田の恩恵（GDPの20％を占める）で国民が総じて豊かであること、自動車メーカー各社が電気自動車の車種を増やしたことで一気に市場が拡大したことなどが挙げられる。

まず、ノルウェー政府は、2025年までにすべての乗用車販売を電気自動車や燃料電池自動車（FCV）など温室効果ガスを排出しない「ゼロエミッション車」にすることを宣言し、その利用促進のために、電気自動車の購入やリースに大規模な税金優遇を適用した。この税金優遇政策により、ガソリン車より電気自動車を買った方が安くなる場合も増えた。そのほか、電気自動車はバス優先レーンを走れたり、ガソリン車が制限されている都市部への乗り入れが免除されたり、有料道路やフェリーの利用料が割引され、駐車料が無料になるなどのインセンティブがつけられた。北欧の人々が電気自動車を選ぶのは、「気候変動や環境配慮のため」ではなく、「お得な優遇政策を受けられるから」という市場調査結果が公表されている。北欧人は単に環境問題への意識が高いわけではなく、したたかな倹約家でもあるのだ。

さらに今のノルウェーにおける電気自動車の急速な利用拡大を理解するためには、電気自動車の性能の向上といったハード面ばかりでなく、充電ステーションの整備など使い勝手の向上につながるソフト面にも注目する必要がある。

電気自動車利用に欠かせない自宅の充電環境について見てみよう。ノルウェーでは、冬の寒さがとても厳しく、外気温が低い冬に自動車のエンジンをかけるとエンジンを傷めるため、前もってエンジンを温めることが推奨されており、エンジンヒーターを取り付けた自動車が一般的だ。こうしたガソリン車のエンジンヒーターの電源を確保するため、集合住宅の駐車場や個人宅のガレージに屋外電源コンセントが標準装備されており、この電源を使って電気自動車を充電することが可能となっている。ちなみに、ノルウェーは、再生可能エネルギーである水源を活用した水力発電で電力の96%を賄っており、電気自動車に使われる電力も環境にやさしい。

さらに、街中の充電スタンドの建設には公共・民間を問わず助成金を支給する政策が功を奏して、今や全国に充電ステーションが敷設されている（図10）。大都市周辺や主要道路だけでなく、

図10　ノルウェー政府は電気自動車のインフラ整備に多額の投資を行い、都市部だけでなく郊外にも充電設備を設置している
（出典：©Aksel Jermstad／elbil.no）

地方都市の海岸沿いのドライビングルートや、スキーリゾートなどにも充電ステーションが設置されており、この十数年で、次々と電気自動車周辺の産業が育ち、利用環境も向上しているのだ。政府の戦略的政治判断から始まった電気自動車へのフォーカスは、今やその裾野を広げ、さまざまな産業にまで影響を及ぼすほどに規模を拡大している。

そして現在、このように電気自動車が当たり前になった社会を体験してみたいという旅行客が増え、新しいエコツーリズムが起きている。利用者は一般的なレンタカーチェーンで最新の電気自動車を借りて景色を楽しみ、近未来的なアプリ決済やチャージングを経験することができる。環境に配慮したエコツーリズムはすでに世界中で広がりを見せているが、ノルウェーの電気自動車体験は、環境問題に国をあげて取り組んだ結果、社会がどのように変わるかを実際に体験できる未来志向のツーリズムと言える。

2 クリーンテック

北欧はこの10年間、クリーンテック分野で雇用を生みだし、輸出を拡大させてきた。クリーンテック産業の雇用の多くが地方で発生し、短期的な施設の建設作業だけでなく、維持・管理に関わる長期的な雇用ももたらしている。デンマークでは、風力発電分野だけで3万人強（民間雇用の2％）の雇用を創出し、2015年の売り上げは118億ユーロ（約1兆6千億円）に上る。風力発電の輸出額は全体の5％を占める44億ユーロ（約6千億円）を占め、2010年以降44％増となっている。そして、国外の風力発電関連企業の多くがデンマークに研究開発の拠点を移している。[*6] 欧州委員会によると、2005年から2013年の間に、EUの風力発電関連の雇用は5倍に増加しているそうだ。デンマーク・エネルギー産業連盟理事のトローエル・ラニス氏は、クリーンテックがいかにデンマークの産業振興に貢献してきたか次のように述べている。[*7]「風力発電は、地元に発電所の建設・管理の仕事を創出します。また、社会全体の成長力の強化に貢献する、多様性に富み、強靭で優れた現代のエネルギー・システムの一部です」。

ここでは、クリーンテックとして注目されてきた「エネルギー」と新たに注目されている「大気」に関するテクノロジーについて紹介する。

再生可能エネルギーの推進

北欧諸国は、風力発電・水力発電・バイオマスなど、各国の自然資源に適した再生可能エネルギーの利用を重視し、電力エネルギーネット・ワーク「ノルド・プール（Nord Pool）」（後述）を形成してきた。

デンマークは早くから風力発電を導入し、ヴェスタス社（Vestas）などの世界有数の風力発電企業を生み、風力発電市場を開拓してきた。風力発電の設置主体は公共団体や民間企業だけでなく、市民が共同出資して設置する草の根の活動も普及しており、産官学民が一体となって風力発電の導入を促進してきた（図11）。ノルウェーは、雨と雪による水資源とフィヨルドの急峻な地形を活かした水力発電によって国内の消費電力の96％を賄っているが、夏に余った電力を加圧して水素タンクに溜め、冬場のエネルギー源として活用している。

デンマークもノルウェーも石油産出国であるが、21世紀に入ってから、両国はともに「自分たちは石油に依存しない」と決心し、持続可能なエネルギー政策を打ち出すようになった。デンマークは、2010年のエネルギー政策で2050年までの脱化石燃料を宣言し、ノルウェーは石油・天然ガスへの産業依存度は依然高いものの、化石燃料からの脱却を模索している。

こうした国を挙げて行われる再生可能エネルギーへの移行は、関連企業の起業やエネルギーに配慮したビジネスの創出にもつながり、都市づくりにも活かされている。たとえば、コペンハーゲン

上：図 11　コペンハーゲン南部のアマー海岸公園にはホーフォー社（Hofor）と市民の共同出資による 20 の風力発電機が建設されている
下：図 12　コペンハーゲンのスマートシティ開発地区ノーハウンでは、エネルギーラボが再生可能エネルギーを効率的に利用する実証実験を実施している

北部のスマートシティ開発地区ノーハウン（Nordhavn）のエネルギーラボでは、先端技術を用いて再生可能エネルギーを効率的に利用できるよう、市民の生活の場で実証実験が行われている（図12）。また、フィンランドのオタニエミ市では、アアルト大学と共同して毎日の電力消費の変動に関するデータや知見を蓄積し、再生可能エネルギーの利用効果を最大化させる試みが進められている。

ここでは、再生可能エネルギーの先駆的事例として特に注目される三つの事例を紹介しよう。北欧全体の電力流通の基盤となっている電力ネットワーク「ノルド・プール」、躍進めざましい再生可能エネルギー企業としてデンマークのアーステッド社、そして新たなサステイナブル・ツーリズムの嚆矢と期待されているノルウェーに建設中のポジティブ・エナジー・ホテル「シックスセンシズ・スヴァルト」である。

■ノルド・プール：北欧の電力ネットワーク

再生可能エネルギーは、季節・時間帯・天候などによって発電量が変動し、電力の供給が不安定になるという課題がある。実際、2015年はデンマーク国内の総電力消費量の41・8％を風力発電が占めていたが、2016年は風が少なかったこともあり37・5％まで減少した。安定的な再生可能エネルギーの供給のために、現在、欧州で運用されているのが、北欧の電力ネットワーク「ノルド・プール（Nord Pool）」である。

ノルド・プールは、北欧4カ国を送電線でつなぎお互いに電力を補完しながら売買を行う電力取

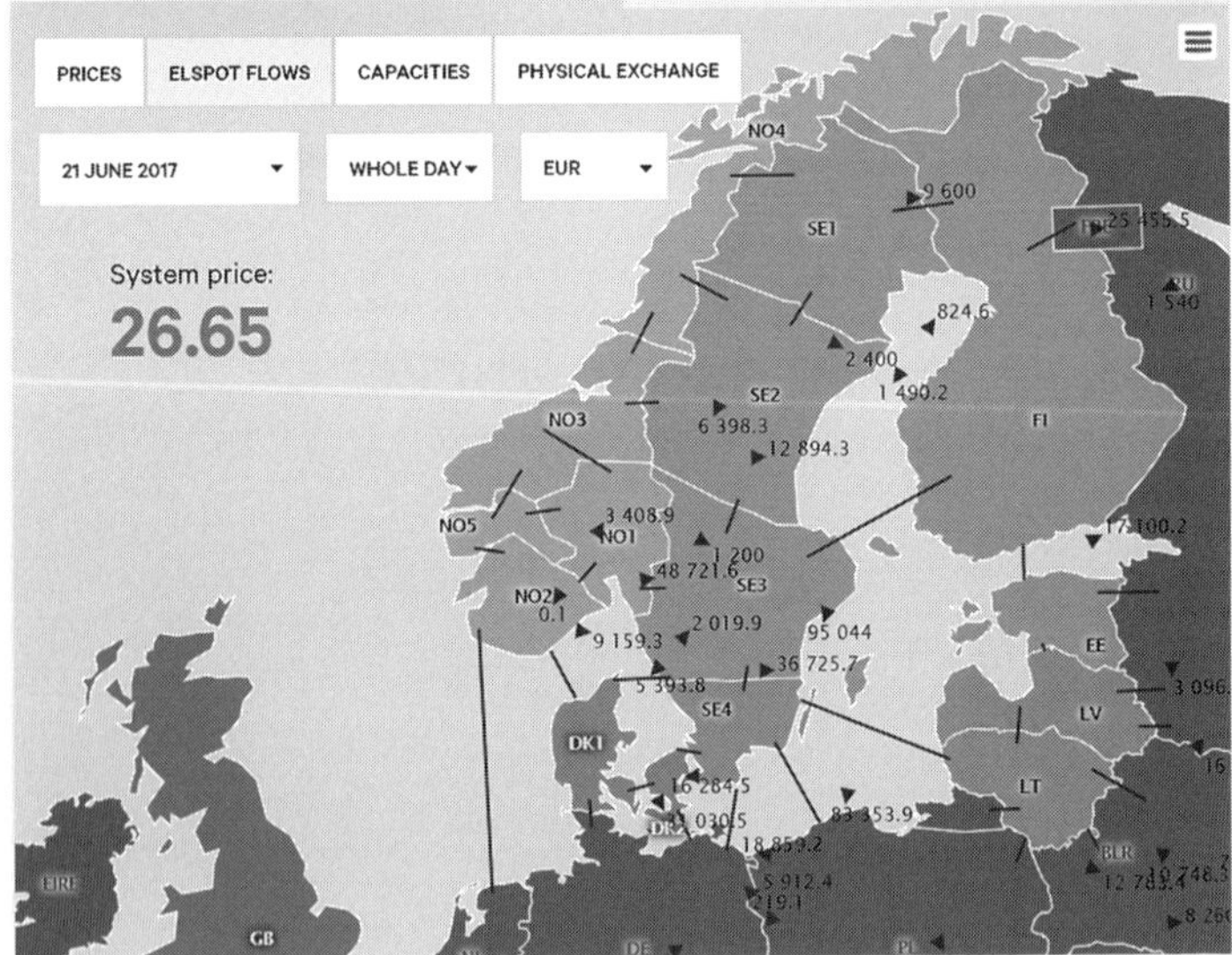

上：図 13　ノルド・プールの電力取引所（出典：Nord Pool）
下：図 14　ノルド・プールの電力供給の流れ（出典：Nord Pool）

引市場のことだ（図13）。市場の需要に応じて電力価格が日々改定され、電力の自由取引を可能にしている。もともと北欧では１９９１年から99年にかけて各国間で電力の融通が行われていたが、２００２年から戦略的に電力を取引するシステム「ノルド・プール」に発展した。たとえば、デンマークの電力は、主に北海油田の天然ガスやバイオマスを利用した熱電併給と風力発電によって賄われているが、供給が滞った際には、このノルド・プールを通じてノルウェーの水力発電やスウェーデンの水力・原子力発電から安定した電力供給を受けることができる（図14）。北欧諸国だけでなく、ドイツやイギリスなどとも連携が進められ、２０１９年にはオランダへの直接送電が可能になっている。

■アーステッド：デンマークの再生可能エネルギー企業

デンマークの再生可能エネルギー企業アーステッド社（Ørsted）が設立されたのは、２０１７年11月。前身は、１９７２年に北海で発見された天然ガスや油田を管理するために設立された国営企業ドンエナジー社（DONG Energy）だ。アーステッド社は、「グリーンエネルギーだけで稼働する世界をつくりだす」ことを目指し、設立から数年で化石燃料企業から再生可能エネルギー企業への移行を果たした。現在、アーステッド社が提供するエネルギー源の88％が再生可能エネルギーであり、２０２５年までに再生可能エネルギーの割合を１００％に、２０４０年までに二酸化炭素の排出をゼロにすることを目標に掲げている。

アーステッド社の化石燃料企業から再生可能エネルギー企業への転向は、以前より兆しはあった

図15　デンマークのアースタッド社が運営するアンホルト洋上風力発電所（©Old Dane）

ものの、多くの北欧人を驚かせた。前身の国営企業ドンエナジーは、２０００年に発電事業に乗り出し、２００５年に現在のアースタッド社の元となるエルサム社（Elsam）を買収している。ただ、当時は石油事業に投資しオランダに進出するなど、化石燃料企業としての拡大路線を続けていた。しかし、２００９年、ドンエナジーは国連の環境への配慮の呼びかけに呼応して、エネルギー源の85%を占めていた化石燃料を再生可能エネルギーに移行すると発表した。その後、パワーケーブル事業、ガスパイプ事業（２０１６年）、石油事業（２０１７年）を次々と売却した。現在は洋上および陸上風力発電所、太陽光発電所、エネルギー貯蔵設備、バイオマス発電所を開発・運用し、顧客にグリーンなエネルギー・ソリューションを提供している。

現在、アースタッド社では、再生可能エネルギー全般の事業を展開しているが、なかでも世界最大の洋上風力発電企業として注目されている。同社が２００５

年に買収したエルサム社は、２００２年に世界で初めて、発電能力１２０ＭＷ規模のホーンス・レウ洋上風力発電所（Horns Rev Wind Farm）を設置し、２０１３年には発電能力４００ＭＷのアンホルト洋上風力発電所（Anholt Offshore Wind Farm、図15）を竣工するなど、約20年ほど前から洋上風力発電事業を展開している。現在、アースタッド社の洋上風力発電量は、世界シェアの29％を占めるまでになっている。

デンマークの風力発電の歴史は長く、また、洋上で培われてきた風力発電の知見も世界でトップクラスである。これらの貴重な知的資源をもとに、現在は自国の環境エネルギー政策だけでなく、欧州・アメリカ・アジア太平洋の企業の買収や連携を通して巨大プロジェクトを進め、世界の風力発電を牽引している。

■シックスセンシズ・スヴァルト：ポジティブ・エネルギー・ホテル*[8]

北欧では、再生可能エネルギーをベースとしたエネルギーインフラを先進的に整えてきた。それは観光分野にも波及し、サステイナブルでウェルネスなツーリズムの推進が期待されている。北欧ツーリズムとしては、大自然の雄大さを体感する氷河登山やオーロラ観測などがよく知られてきたが、近年そうした従来型の観光は自然への負荷が問題視されるようになり、今後は、自然保護とのバランスをとるサステイナブル・ツーリズムが重視されるようになると推測されている。

ノルウェーの北極圏で建設されている「シックスセンシズ・スヴァルト（Six Senses Svart）」

（2023年竣工予定）は、エネルギー消費を抑えるだけではなく、消費量を上回るエネルギーを生産する、世界初のポジティブ・エネルギー・ホテルだ（11頁写真、図16）。スヴァルトには、イノベーティブなアイデアが詰め込まれ、テクノロジーをうまく活用することで、新しい自然との付きあい方が目指されている。

スヴァルトの特徴は、自然に溶け込むこと、そしてより自然にやさしいエネルギーを利用することだ。ホテルの立地やデザインは、日射量や太陽の動きなどを調査・分析して決められた。さらに建設過程では、ノルウェーで収穫した鱈(たら)を外気に晒して干すために使われてきた三角形の伝統的な木の架構「Fiskehjell（魚の山）」を構造に用いて二酸化炭素排出を抑え、ノルウェー製の太陽光発電パネルを特徴的なドーナツ型に設置してホテルの主要エネルギー源にするなど、技術と意匠を融合した工夫が随所に組み込まれている。太陽エネルギーは、電力だけでなく、陸地からホテルまでの移動に使われるシャトルの動力にも用いられる。スヴァルトは、従来のホテルに比べて1年間に約85%のエネルギー消費量を抑えることができると算出され、また最先端の環境技術を活用することで、開業から5年以内に完全なオフグリッド（電力の自給自足）、そして廃棄物ゼロを目指すと宣言している。

スヴァルトは、100室の客室、ラウンジ、ジムやスパ、四つのレストラン、レストランの食材を生産する農場から構成されている。ゲストは、夏の白夜、冬のオーロラ、カヤック、パドリング、ハイキングなどのアクティビティを大自然の中で体験できる。また、リフレクソロジー（反

図 16　ノルウェーで建設中のポジティブ・エネルギー・ホテル、シックスセンシズ・スヴァルト
（出典：Svart Eindom）

射療法）、音響ヒーリング、クライオセラピー（冷却療法）など最新テクノロジーを導入したセラピーを施設内で受けることもできる。

ホテル開発・不動産管理の責任者であるイヴァイロ・レフタロウ氏は、「ゲストは運営に参加する地域住民とともに、スヴァルトのビジョンや取り組みに触れ、スヴァルトをリビングラボとして学習とイノベーションのプロセスに参加することになる」と述べ野心的な考えを示している。*9

大気環境の保全

都市における生活の質を左右する条件の一つに、大気環境がある。北欧では、排気ガスの問題に対する人々の認識が高まり、センサーによるモニタリングなど技術の進化で可視化できることが増えたことで、街の空気をより綺麗にする試みが、次々と進められている。

■ヘルシンキ市の大気環境改善

ヘルシンキは、2019年に空気中の有害汚染物質量が6μg／㎥を記録するなど、すでに世界保健機関（WHO）が定める大気汚染レベルのターゲット目標10μg／㎥を下回っている空気の澄んだ都市である。ただ、他の北欧諸国の都市同様、ヘルシンキも自転車や公共交通の利用を促しているとはいえ、依然として自家用車や大型車両、バイクも盛んに利用されている。また、風向によ

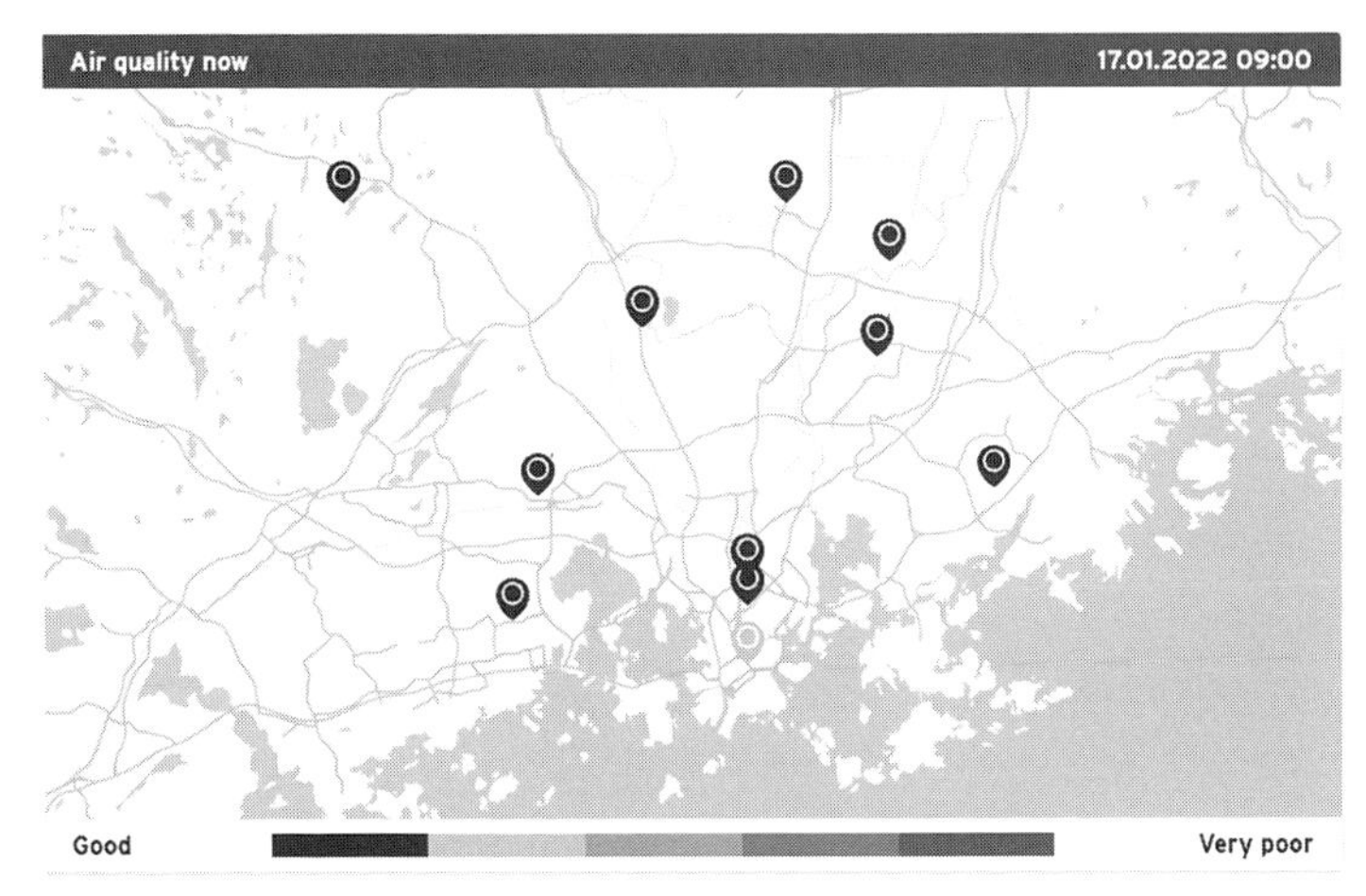

図17　ヘルシンキの大気汚染レベルをリアルタイムで監視するプラットフォーム（出典：HSY）

り工場からの汚染物質が流れ、ときには大気の汚染レベルが上昇することもある。

大気汚染対策として、ヘルシンキ市は、常時、首都圏エリアのモニタリング拠点で観測を行い、大気の質を把握・改善するためのプログラムを実施している。さらに、都市政策関係者や市民がリアルタイムで大気の質を測定できるサービスを展開し、データをわかりやすく可視化できるようにしている。たとえば、ヘルシンキ市の環境サービス機関HSYのウェブサイトでは、モニタリング拠点から送付されてくるデータをリアルタイムで公開し、誰でも現在の大気状況をチェックすることができる（図17）。モニタリングした結果は、データエビデンスに基づく政策立案に用いられ、ヘルシンキ市の大気保護アクションプログラム[*10]などに反映されている。

■ノルウェー大気研究所

ノルウェー大気研究所（Norwegian Institute for Air Research）は、大気汚染、環境変容、それに伴う健康被害について研究する欧州有数の組織である。1969年に独立組織として設立され、90年代からノルウェー全土に広がるリアルタイムの大気情報ネットワークとデータベースを構築し、データに基づいた調査や提案、政策立案支援を積極的に行ってきた。大気の情報は、全国20カ所に設置された観測所から収集され、そのうち2カ所では温室効果ガス、3カ所でオゾン層、3カ所で環境汚染をもたらす有毒物質や汚染物質などのモニタリングが行われ、18カ所で汚染物質の定点観測が行われている。

研究所が関わった近年のプロジェクトとして、オスロ市の大気状況の向上プロジェクト[*11]がある。市内への車両の入場制限、駐車料金の課金、低排気ゾーンの設置、電気自動車の優先道路の設置などのさまざまな指標を策定し、大気汚染物質の測定データから大気状況の向上に最も効果的な施策を分析している。ほかにも、研究所主導の「ノルディック・パス（Nordic Path）」プロジェクトでは、北欧4カ国でリビングラボ（6章参照）を実施し、たとえば、ノルウェーのクリスチャンサンド市のリビングラボでは、暖炉で薪を燃やすことで発生する室内環境への影響をセンサーを用いて調査した（図18、19）。

研究所では、長年蓄積されたデータや知見の提供はもちろんのこと、国・地方自治体のプロジェクト、国際機関や海外の研究所との共同プロジェクトを数多く実施し、企業を対象にしたモニタ

左頁上：図18　ノルウェー大気研究所の研究者が掲げる、室内環境状況をモニタリングするセンサー（出典：Nordic Path）
左頁下：図19　ノルウェー大気研究所では、調査結果をインフォグラフィクスでわかりやすく公開している（出典：Nordic Path）

リングや環境改善・保全などのサービスも提供している。データへのアクセスや分析を簡便にするAPIの提供や、収集・管理するデータの可視化・ビッグデータ分析・機械学習など、デジタル技術を積極的に活用し、国際的な大気研究の中心的機関として注目を集めている。

3 ヘルステック

医療が国家の社会サービスとして提供されている北欧では、ヘルスケアも行政主導のもと、企業・医療機関・市民が連携して成長を目指す分野の一つである。もちろん、人々の健康向上のために、ＩＣＴが最大限活用されている。たとえば、遠隔地に住む高齢者が基幹病院に定期的に検査訪問するために、片道数時間かけて通うようなことは生活の質を下げることになる。そのため、広い国土で誰もが等しくサービスを受けられるように、90年代から遠隔医療や遠隔ケアが模索され、２００５年頃から複数の実証実験が実施されるようになった。遠隔医療の提供主体は多くの場合、公共機関であるが、民間企業が技術を提供し、サービスを下支えしている。産官学民が連携して試験的な取り組みが始まり、やがて全国に広がり、さらに国際的な産業に成長しているケースもある。

ここでは、ヘルスケア・データ、ヘルスケア・テクノロジーおよびヘルスケア・エコシステムの視点から概観しよう。

オープンデータ化されるヘルスケア・データ

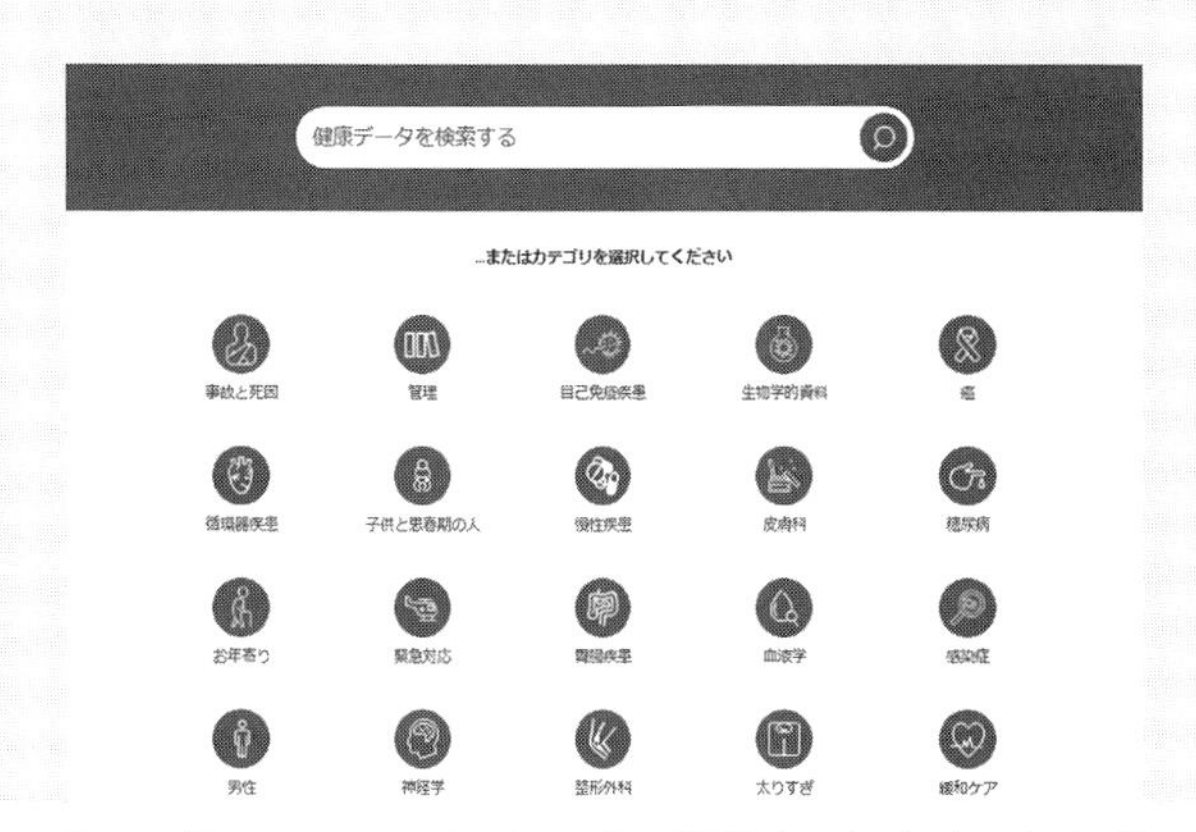

図20　コペンハーゲン・ヘルステック・クラスターが運営するデータベースには160のデータ群が掲載され、研究者や医療関連企業がアクセス可能だ（出典：Copenhagen Healthtech Cluster）

デンマークでは、1977年より医療データや遺伝子データなどのデジタルデータが蓄積されている。過去50年間蓄積されてきた個人データは匿名化され、医療を発展させるための研究に限って活用できる。個人情報がベースのため、誰もが簡単にアクセスできるわけではなく、基本的にデンマークの医療研究機関の従事者、もしくはデンマークの機関と共同研究をする海外の医療研究機関のみがデータを利用できる。

そして2020年、スウェーデン（1035万人）、デンマーク（579万人）、フィンランド（554万人）、ノルウェー（542万人）の人口を合わせた2700万人のヘルスケア・メタデータを集約する「北欧ヘルス・データ（Nordic Health Data）」[*12]が立ち上がった。プロジェクトの第一段階として、入手できるヘルスケア・データの種類と所在を明確に把握しマッピングをするプロジェクトが始まっている。たとえば、デンマークのコペンハーゲン・ヘルステック・クラスター（Copenhagen Healthtech Cluster）が運営するデータベースには約１６０のデータ群がある（図20）。双子の成育データや糖尿病患者の治療データといったデータセットには、各種詳細項目についてのメタ情報が付与され、アクセスしやすいように整備されている。

国をまたいだヘルスケア・データが医療や医薬品開発にタイムリーに活用されれば、この分野の産業発展につながると考えられ、医療業界・産業界の期待は高い。

ヘルスケア・テクノロジー

医療・福祉の現場では、要介護者の増加に伴って介護士の不足が問題になっており、その解決のために医療機器や福祉機器の導入に注目が集まっている。こうした機器の活用が広がれば、患者の移動の負担なく高品質の医療が受けられ、介護士の負担を軽減することができるからだ。さらに、コロナ禍で明らかになったように、人同士の接触が制限される状況が再発する可能性は高く、今後、ヘルスケア・テクノロジーの社会的ニーズはさらに高まっていくだろう。

■福祉機器の導入

デンマークでは、福祉機器が支援する対象として、コミュニケーション、生活の質の向上、移動、見回り、入浴、食事など15種類のカテゴリーが定義されており、対象となる福祉機器は大型から小型まで幅広い。デンマークの自治体や介護施設は、国家戦略に基づき、福祉機器開発企業との連携により福祉機器の導入を進め、２０１９年には１４００もの関連プロジェクトが実施された。そして今、デンマークでは、国内の98自治体すべてが福祉機器を導入している。

デンマークだけでなく、北欧の医療やヘルスケア・サービスは、公共サービスとして展開されている場合が多い。北欧での福祉機器の導入にあたっては、医療や福祉の現場との密接な協力やネットワーク構築が不可欠であるため、どちらかというと国内や欧州で開発された福祉機器が導入される傾向が高い。だが、ＶＲソフトやコミュニケーションロボットなど日本が得意とする製品群の潜在的ニーズもある。実際、筆者（安岡）も大学の研究者としていくつかの実験プロジェクトに関わり、日本で開発されたロボットや福祉機器をデンマーク社会に実装する実証実験や現場への導入プロジェクトを主導している。

北欧への福祉機器の導入を考えるのであれば、次項で紹介する北欧のヘルスケア・エコシステムを活用するのも一案だ。北欧圏の医療系ネットワークを持ち、地方自治体とも関係性を構築している医療系ＩＴコンサルティング企業のパブリックインテリジェンス社（Public Intelligence。神戸にも支社がある）、ロボットや産業システムなどの分野で技術の導入支援や実証支援、評価支援などを行うデンマーク・テクノロジー・インスティチュート（Danish Technological Institute）などが仲介役となり、日本の技術が北欧から欧州に広がる例も今後増えていくだろう。

■オウル・ヘルスラボ：医療・研究・企業をつなぐ

「オウル・ヘルスラボ（Oulu Health Lab）」は、フィンランド・オウル市の医療機関やヘルスケアセクターと研究開発機関や企業をつなぐプラットフォームである（図21）。これまで、ほぼ完成した医療・福祉機器の試作品が病院や福祉施設に持ち込まれることが多かったが、この方法では現場のニーズを汲み取ることが困難で、せっかく開発されても現場で必要とされないことが課題となっていた。その解決策として設立されたのが、ニーズ分析・コンセプトづくり・開発・社会実装を一貫して支えるオウル・ヘルスラボである。

オウル・ヘルスラボは、地域のヘルスケア関連企業、投資支援組織、オウル市、オウル大学、オウル大学病院などが連携して、地域のヘルスケア・サービスを向上し、産業を成長させることを目的としている。

ヘルスラボは大きく分けて三つのラボから構成されている。一つは病院内で製品やサービスを調査し開発したい場合に有効な「協働ＯＹＳテストラボ」、二つ目は介護など福祉施設や市民に提供される製品やサービスを開発・社会実装したい場合に使われる「ウェルフェアラボ」、三つ目はコントロールされた空間で開発を行いたい場合に使われる「Ｏａｍｋシミュレーションラボ」である。

図21　オウルヘルス・ラボでは、次世代テクノロジーを活用した開発や実証が実施されている
（出典：Oulu Health Lab）

たとえば、協働ＯＹＳテストラボでは、開発の全段階で医師をはじめとした医療従事者たちが関わり、開発が進められる。最終的にできあがった製品やサービスは、オウル大学病院で実際に妥当性が判断されたものだというお墨付きが与えられることになる。

オウル市は、５Ｇ／６Ｇ、ＩｏＴ、ＡＩ、ＶＲ、ＡＲやビッグデータ分野で世界的にも注目されており、地域医療、ライフサイエンス、医薬品開発などのデジタルヘルスサービス基盤を強みとする。オウル大学病院は、ＡＩ、ロボット手術、イメージング技術、遠隔医療、スマートビルディング、情報インフラや電子カルテなどの利用がシームレスに実施されていることから、２０２１年にアメリカの「ニューズウィーク」誌で世界で最も先端的な病院にも選ばれた。オウル・ヘルスラボは、こうしたＩＣＴやデータ基盤の枠組みを活用し、地域のヘルスケア・サービスの向上、ヘルスケア産業の育成、そして海外投資の誘致をさらに進めている。

ヘルスケア・エコシステム

先端医療で世界的にも有名な医療機関の周辺には、それを支える研究機関、民間の医療関係企業が集まる。先端技術を駆使した研究が行われる場では、その地域に住む人たちとの相互作用が大きな駆動力となる。そして、大学・病院・民間企業・市民の連携体制が包括的なヘルスケア・エコシステムを形づくっている。

■カロリンスカのエコシステム

ライフサイエンスとウェルビーイングに特化したストックホルムの大規模都市開発エリア「ハーガスターデン（Hagastaden）」は、E4／E20高速道路と地下鉄道によって大陸とつながり、6千人が暮らし、5万人が働いている。エリアには、ノーベル生理学・医学賞の選考が行われるカロリンスカ研究所（Karolinska Institutet）、スウェーデン王立工科大学（KTH）、ストックホルム大学といったライフサイエンス分野の研究機関とそれに関連する医療・医薬品・医療機器企業が集積し、世界屈指のレベルを誇るカロリンスカ大学病院（Karolinska University Hospital）等も併設されている（図22）。ここに世界的にも注目されるカロリンスカのエコシステムが存在する。

図22　ストックホルムのカロリンスカ大学病院。ライフサイエンス分野の研究機関・医療機関が集積するエリアの中核施設（出典：©Felix Gerlach ／ imagebank.sweden.se）

カロリンスカ研究所は１８１０年に設立された国立医科大学で、医学系の単科教育大学としては世界最大の大学である。教育機関である一方で、ストックホルムの公立病院としてカロリンスカ大学病院も併設し、通りを隔てて、片側に大学とインキュベーションセンター、大学の研究棟、もう片側に病院と病院の研究棟が並ぶ。大学の研究棟と病院の研究棟は遊歩道でつながっており、二つの組織の強いつながりがうかがえる。周囲には、医療品・医療機器メーカーのビルが立ち並び、スタートアップのビジネスセンターも徒歩圏内にある。物理的にも近いエリアに最新のテクノロジーを扱う医療関係機関が集積する、世界でも類を見ないエコシステムが構築されているのだ。特に、２０１８年に完成した新カロリンスカ大学病院は、最新の医療設備を備えた、北欧の医療産業の核として注目されている。

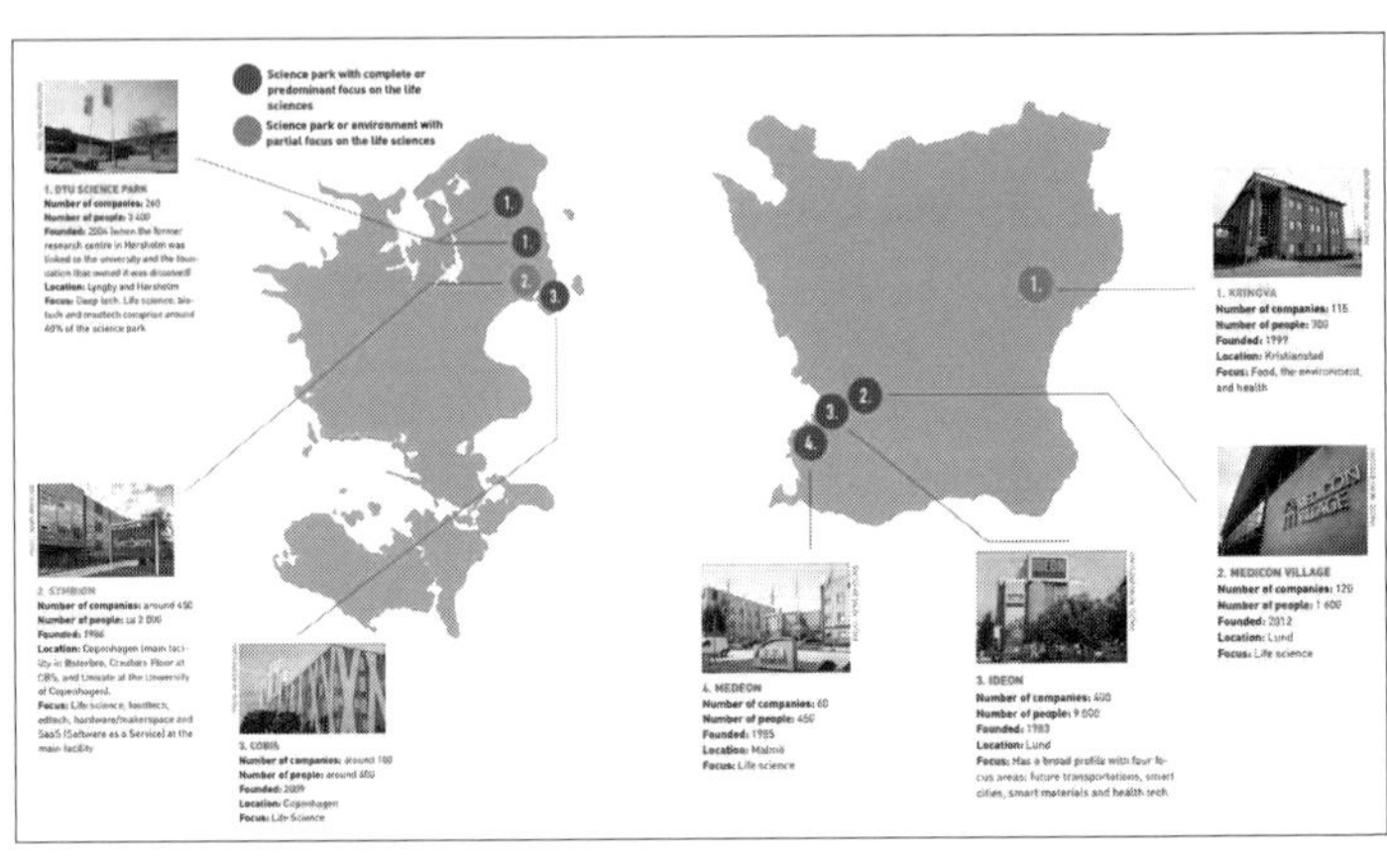

図23　メディコンバレーのエコシステム（出典：Medicon Valley）

■メディコンバレー：ライフサイエンスの大学・企業の集積

南スウェーデンとコペンハーゲン一帯をカバーする「メディコンバレー（Medicon Valley）」は、ライフサイエンス関連で世界的にも有名な大学と研究所、関連企業の集積地として知られている（図23）。

スウェーデンとデンマークの国境は海で隔てられているものの、橋で結ばれており、自動車・電車で簡単に往来することができ、スウェーデンに住みながらデンマークで働く人も多い。このエリアの居住人口は約390万人で、そのうち約4万人がヘルスケアセクターの仕事に従事し、エリアには32の病院を抱えている。

さらにこのエリアの12の大学のうち5校がライフサイエンスの教育を実施しており、ほぼすべての大学がヘルスケア分野の企業や団体と協働してデータサイエンスや技術開発を行っている。

このエリアにはデンマークを代表する製薬会社であるレオファーマ社（LEO Pharma）やノボノルディスク社（Novo Nordisk）をはじめとする20社ほどの製薬会社、１００社を超えるヘルスケア技術企業も集まる。小さな北欧諸国にあって、これだけ同じ分野の関連組織が集積するのは異例だ。その一角を担う「コペンハーゲン・サイエンスシティ（Copenhagen Science City）」は、２０２２年のノーベル化学賞を受賞したモーテン・メンダル教授を輩出するなど、イノベーション地区として注目が集まる。

メディコンバレーでは海外の企業や研究所とのコラボレーションも進み、常時２００程度の研究プロジェクトが実施されている。

4 フード・イノベーション

北欧の各都市では、サステイナブルな食産業が盛り上がりを見せている。20年前の北欧は、外食といえばいわゆる高級フレンチが中心で、自宅では、毎食パンとチーズ・豚肉・じゃがいも・根野菜を使った料理中心の、いわゆる食文化後進国だった。だが、その北欧のフードシーンは、今、劇的に変化している。

北欧の食文化の変化に世界が注目し始めたのは、コペンハーゲンのレストラン「ノーマ」が開業した2003年頃。当時、北欧は未曾有の好景気を経験し、多くの人が旅行先で新しい食文化に触れ、毎日の食生活にも贅沢な食品が並ぶようになった。ノーマに代表される「ニュー・ノルディック・キュイジーヌ（New Nordic Cuisine）」と名づけられた新北欧料理は、単に高級志向ではなく、地元の食材を使い、環境に配慮するなど、現代社会にフィットした料理を志向するグローバルな潮流を生みだした。

さらに新北欧料理は、デジタルと切っても切れない関係にある。なぜなら、デジタルツールやデータを使って食材の生産や調理の最適化、ロジスティックの最適化を図るだけでなく、インターネットを活用した情報戦略が、新北欧料理をグローバルなトレンドに押し上げているからだ。ネットやSNSで情報を発信することで、環境問題に関心の高い若者や、特別な経験を得るためなら距離も金額も厭わない世界中の食通を集客している。そして、こうした感度の高いクライアントが自らの食体験を広めることで、新北欧料理の評判はグローバルに拡散され続けている。

また、北欧では従来、市民が郊外に小さな農地を所有し、週末農業を行う「コロニーヘーヴ（kolonihave）」（市民農園）が盛んに行われていた。このライフスタイルは今も健在だが、近年、都市部で農業を身近に体験する動きが見られるようになった。コペンハーゲンでは、都市空間で食物を栽培する「食栽」のムーブメントが起きている。その背景にあるのは、都市の緑化、肥満児を減らすための食育、都市型農業の実験、自国産の野菜の見直しなど、さまざまである。

この食栽ムーブメントにおいて特に注目したいのは、これが都市計画の一環として、また食育を目的とした市の政策として積極的に導入されている点だ。実際、コペンハーゲン市議会では、2019年に同市に今後植える植栽の一部は食べられる食栽にすることを決定している。

新北欧料理を牽引するレストラン

■ノーマ：北欧料理を革新した立役者

新北欧料理の嚆矢となったコペンハーゲンのレストラン「ノーマ（noma）」は独創的・革新的な料理で注目を集め、ミシュランガイドや「世界のベストレストラン50」で高評価を獲得し続けている（図24）。シェフのレネ・レゼピらは、それまでグルメからは見向きもされなかったデンマーク料理を再解釈し、今までの北欧料理のイメージを刷新した。その結果、新北欧料理は、北欧産の食材と古来から伝わる発酵などの調理法を使う自国の食文化への回帰を促した。北欧の料理人たちは、自国の素材や伝統的な調理方法に誇りを持つようになり、レネらが掲げる「新北欧料理のマニフェスト[*13]」に基づいた料理を提供するレストランが次々に現れた。

ノーマの評判の高まりとともに、北欧＝美食のイメージが定着し、世界各国から、ノーマで食事をするためだけにコペンハーゲンを訪れる旅行客まで生みだした。ノーマは、わずか10年間でコペンハーゲンの観光客を11％増加させ、その影響は、他の北欧諸国にも波及している。

ノーマの成功は、世界一を獲得したスターレストランが1店舗でもあれば、地域全体の生産者や

図 24　新北欧料理を世界的に有名にしたノーマ（出典：©Emil Meulengracht）

飲食業、観光業の底上げにつながり、行政の政策にも影響を与えることを知らしめた。食は、まちづくりに影響を与え、地域経済を劇的に変化させる起爆剤となるのだ。

■鮨あなば：北欧流にローカライズされた寿司屋

近年、環境に配慮し、地元食材を重視するという新北欧料理のコンセプトは、自国の料理だけでなく、他国の料理に取り入れられるケースも出てきた。「鮨あなば」は、2019年にマス・バッテルフェルトらがコペンハーゲンにオープンした寿司屋である（図25）。入口の暖簾をくぐって店内に入ると、カウンターと8脚の椅子が並んでいる。店内には日本を感じさせる小物がたくさん置かれているが、よく見ると日本のものではない。テーブルに置かれた豆皿はデンマーク製の陶器で、木製の椅子やカウンターも、デンマーク人の家具職人が制作している。日本を感じさせる和とデンマークのデザインが気持ちよく調和した空間となっている。

わさびや醤油などの調味料は日本から輸入しているが、食材の海産物のほとんどがデンマーク周辺のユトランドの海、ノルウェーやアイスランド産の地物である。寿司ネタは、日本の寿司屋で聞いたことのないものばかりだが、地域で食材を探して提供するというシェフの心意気がうかがえる。

日本の料理をベースとしながらも、日本と同じスタイルで提供するのではなく、その土地に合った素材と調理法で新しい境地を生みだし、日本人でも楽しめるクオリティで提供する。ここの寿司は、コペンハーゲンでしか食べられない寿司なのだ。鮨あなばは、開業2年目にミシュランガイド

図 25　北欧の海産物のネタで握る鮨あなばのマス・バッテルフェルト氏（上）
デンマーク産の家具や食器で日本を感じさせるインテリアを演出する店内（下）
（出典：鮨あなば）

で星を取得してから、予約が殺到するレストランとなっている。

街に食物を栽培する食栽の広がり

北欧では、この10年ほど、食に関しての関心が今までになく高まっている。オーガニックフードの推進、ビオワインの人気、ベジタリアン・ビーガン・発酵食品への関心の広がりなどが見られ、身近で体に良い食材を摂取することを志向する人々が増えている。

コペンハーゲンでは、公園や歩道の緑地に食べられる植物を植えるプロジェクト「ストリートフードラボ」が進められている。単なる緑化ではなく食べられる緑によって、肥満の防止、食の安全、食育、環境問題への啓発につなげる取り組みである。ここでは、街に広がる食栽に関わるプロジェクトをいくつか紹介したい。

■コロニーへーヴ：週末農業を楽しむ*[14]

都会で暮らす人たちが、郊外に小さな区画を得て週末農業に勤しむ「コロニーへーヴ（koloni-have)」（市民農園）は、18～19世紀に始まったと言われる（図26)。コロニーへーヴの数は、1904年にはデンマーク全土で2万件、2000年には6万2千件と記録されている。2021年1月の段階で、コペンハーゲン市内に55の常設コロニーへーヴがNPOとして登録されている。

図26　都市近郊で週末農業が可能なコロニーへーヴ。写真のコロニーへーヴはコペンハーゲン中心部から自転車で30分の場所にある

小さな小屋を持つ農地が5区画以上、多くの場合20〜30区画ほどが集まっている場所を「コロニー（集合）へーヴ（庭）」と呼び、商業目的ではないことを条件として、比較的安価で土地利用の権利を得られる。土地は自治体が所有しており、NPOが運営を管理し、市民はNPOから農地を借りる。利用希望者は多く、ウェイティングリストに登録して待たなくてはならないほどの人気である。

多くのコロニーへーヴでは、共同の農具やトイレ、集会所などを設置しているが、建物の建ぺい率やサイズなどが厳しく規定されている。居住を前提としていないため、夏期の週末滞在は可能となっているが、長期滞在の場所としては認められていない。

一つの農地をメンバーで共有するコミュニティ農業と異なり、個人の趣味で野菜や草花、時には芝生に1〜2本のリンゴの木を植えるなど、それぞれの所有者が思い思いに利用している。かつては、郊外につくられていた

図27　市民が野菜やハーブを育てるレミセ公園内の農場（右）、飼育されている動物（左）

が、現在のコロニーヘーヴは、都市域の拡大に伴い、街の中心部や駅近辺などの比較的アクセスの良い場所に立地していることも多く、都市の緑化にも貢献している。

■レミセ公園：都心で農業を学ぶ

レミセ公園（Remiseparken）は、コペンハーゲンの中央駅から10分ほどの場所に位置する、農場を併設した市立公園である（図27）。２０１５年には市が５７００万デンマーク・クローネ（約10億８３００万円）を拠出し、公園全体のリノベーションが行われた。遊具場と農場の二つのエリアで構成される公園は、住宅地に隣接しており、専任の教育スタッフが常駐し、さまざまなプログラムを提供している。遊具場は3～13歳の子供を対象にしており、トランポリンやミニハウスなどが設置されている。また農場には、山羊、うさぎ、鶏、豚、牛が飼育されており、子供たちは動物の飼育に関わったり、無料で都市型農業を体験することができる。

都市型農業は、公園の教育スタッフ、都市型農業を推進する地域組織「アーバン・プランネン（Urban Plannen）」、そして市民が協力して実施している。核となるのは、街中で食べられるものを育てる活動である。教育スタッフは、具体的な野菜の選択などのアドバイスからコンポストのつくり方、蜂の巣箱のつくり方などを教え、市民が農作業を体験することも可能だ。参加者へのアドバイスは常駐の教育スタッフが担い、毎週水曜日の午後には市民向けプログラムが実施されている。

公園内の農場には、野菜やハーブを育てるエリア、蜂の巣箱、蜂蜜づくりを支えるための花壇、ビニールハウスなどがある。たとえば、ビニールハウスでは、チリ（唐辛子）・トマト・キュウリなどが育てられ、市民ボランティアグループによって管理されている。皆で育て収穫したものは、昼食会・夕食会・テースティング会などで皆でふるまいあう、「皆で育て、皆で食べる」という活動方針で、都市型農業の輪を広げている。

■ウスタグロ：都市と農業をつなぐ

都市部のレストランが、屋上や庭の片隅に小さな農園を併設し、自家栽培した食材で料理を提供する例も増えている。

コミュニティベース農業を推進するＮＰＯ「ウスタグロ（ØsterGRO）」は、２０１４年、コペンハーゲンのウスタブロ地区（Østerbro）に住む３人の起業家が、自分たちが生活するアパートの屋上で、オーガニック食物を生産するために設立したことから始まった。ニューヨークの「ブルックリン・グランジ（Brooklyn Grange）」にインスピレーションを受けて実現した６００㎡のデンマーク初の屋上農園である。１年目は16世帯を支えるだけの量を収穫することからスタートし、多くの専門家の力を借りて順調な滑り出しを見せた。

現在は、野菜、蜂の巣箱、ビニールハウス、鶏・うさぎの飼育、コンポスト、アウトドアキッチンを備える屋上農園に成長し、野菜、卵、蜂蜜が定期的に参加メンバーに提供されている。参加メンバーは現在40世帯で、数名の常勤スタッフと常時１００名ほどのボランティアが集う。メンバー希望者のウェイティングリストは年々増え続けているそうだ。

ウスタグロの目的は、完全な自給自足を営むことではなく、都市周辺の農業と都市をつなぐことだ。都市に住む人たちは、食に関する基本的な知識を失いつつある。その知識をもう一度都市に取り戻そうという取り組みである。

ウスタグロの一角には、ウスタグロのメンバーとシェフが運営するレストラン「グロ・スピセリ（Gro Spiseri）」がある（8頁写真）。グロ・スピセリは、温室内に設置された大きなテーブルを、毎晩25人限定の客で囲む、コミュニティを重視したアットホームなレストランである。レストランからは、農園が一望でき、またコペンハーゲンのルーフトップの街並みを楽しむことができる。

レストランで提供される5コースのメニューは、ウスタグロで収穫された野菜や卵、コペンハーゲンから20㎞圏内の農家でつくられた旬のオーガニックやバイオダイナミック（循環型農業）の野菜を使い調理される。冬には夏や秋に収穫した野菜などを保存食として調理したもの、近隣の漁師や農家から仕入れた食材を使った料理が提供されるなど、地に足のついたレストランだ。

■ヤースボー通り：オーガニックでサステイナブルな店が並ぶ

コペンハーゲンの中心部から2km ほど離れたノアブロ地区（Nørrebro）の住宅街にあるヤースボー通り（Jægersborggade）は、近年注目を集めるエリアの一つである（図28）。通りの植栽は、食べられる植物が多く、夏には北欧特有の野草であるベリー類が多く植えられている。この通り周辺には、童話作家のアンデルセンや哲学者のキルケゴールが眠る公園があり、賑やかなヤック通り（Jagtvej）にもほど近い。

全長330mほどのヤースボー通りには、約40の店舗が並ぶ。通りが有名になったのは、環境に配慮しオーガニックにこだわるなど、食への関心の高い客層に向けた商品を販売する店舗が集まったことによる。実はこのエリアは、15年ほど前までヘルズ・エンジェルスと呼ばれる反社会的組織の本部があり大麻ストリートとも揶揄されていた。そこでコペンハーゲン市が、そのイメージを払拭するため、グランドフロアを店舗にすることを決定し、今では市内でも有数のおしゃれなストリートに変貌したのである。

通りには、オーガニック豆のマイクロローストが自慢のコーヒーショップ、オーガニックワインの店、オーガニックチョコレートショップ、植物性ミートのソーセージショップ、穀物のお粥の店、オーガニックアイスクリームショップ、オーガニック食品の店、環境に配慮した子供服の店、

左頁：図28　コペンハーゲンの環境に配慮した店が集まるヤースボー通りにある発酵ブランチカフェ、シックスティーントゥエルブ（出典：Sixteen Twelve）

THE
SIXTEEN
TWELVE
IT'S ALL ABOUT
gut
health
-AND-
great
coffee

リサイクルショップ、日本酒・日本茶専門店などが並ぶ。その一角に、発酵ブランチカフェ「シックスティーントゥエルブ（Sixteen Twelve）」がある。予約必須の人気店で、ベジタリアン・ビーガン・グルテンフリーに配慮した野菜や豆ベースの発酵食品のみのメニューを提供する。

フェアトレードや環境への配慮を謳う店がこれだけ集まる通りはめずらしく、そこが他では体験できないエリア価値を創出している。環境に配慮した新しい店がこの通りからたくさん生まれ、全国区に育っている。ヤースボー通りは、サステイナブルな暮らしを強力にバックアップする現代のヒッピー・ストリートなのだ。

■バーネゴーデン：国鉄の敷地を再開発した食の拠点

「バーネゴーデン（Banegården）」は、デンマーク国鉄ＤＳＢの巨大な修理場・車庫があるエリアの一角に位置する（図29）。コペンハーゲン市の再開発に伴い、居住区かつ都市型の食の研究所として開発されている場所だ。かつて薪の貯蔵に使われ50年間放置されていた9軒の木造小屋をショッピングやアクティビティの場として活用すべく、リノベーションが進められている。９軒の木造小屋のうち5軒が２０２０年８月にオープンし、残りの４軒は２０２０年11月に９００万デンマーク・クローネ（約1億７千万円）の投資が集まり、現在、リノベーションの途中である。建築は、旧来の面影を残しつつ、より環境に配慮した素材の利用や修復が加えられている。

バーネゴーデンは、建物のリノベーションとサステイナブルな食に関心のある４名の起業家が集

図 29　デンマーク国鉄の元修理場・車庫エリアが再開発されてサステイナブルな居住区と食の拠点として生まれ変わったバーネゴーデン（出典：上／Banegården、下／©Daniel Rasmussen／Copenhagen Media Center）

まり、コペンハーゲン中心部の一角を環境に配慮した食を追求する場所、学べる場所にすることを目指して始まった。さらに、オーガニック食材とレシピを毎週自宅に届ける事業で急成長を続けるオースチダネ社（Aarstiderne）がパートナーとなっている。

バーネゴーデンのウッドチップを敷き詰めた中庭には、寒さが厳しい冬でも温かいコーヒーとパンを前に談笑する人々が集まる。中庭の両側には、オーガニック野菜や豆、オーガニックワインなどを扱うショップやカフェ、レストラン、新しい食について学べる屋外施設が並ぶ。週末には、子供向けのピザ講習会が屋外で開かれ、夏も冬も親子連れで賑わう。

国鉄の敷地内にあるこのエリアには、多くの食栽が植えられ、ベリーの茂みが生い茂り、ケールやレタスなどの地元の野菜が栽培され、市民が発酵食品づくりに勤しむ。通りを隔てた先には、環境に配慮された新しい居住区「コペンハーゲンビレッジ（CPH Village）」が広がる。木造建築が立ち並ぶ居住区の中心には集会所があり、住民が集まれる公民館のような役割を果たす。すでに住み始めている住民と動き始めているビジネスとを軸に、今後数年かけて、エリアの開発が進められることになっている。近隣には学校も設立され、感情や意志に働きかける総合芸術としての教育を展開するシュタイナー学校もこの地に移転予定と聞く。市の構想では、サステイナブルなコンセプトに基づいた自然の幼稚園や日本の茶室もつくられる予定だ。

［4章］スタートアップのエコシステム

Nordic Smart City

北欧諸国は、他の欧州諸国と比較すると、経済や人口規模ははるかに小規模である。しかしながら、近年、経済力を高め、多数のグローバル評価指標でも上位にランクインし（1章参照）、イノベーションが起きる環境が整っているとされる。本章では、一般的な統計データから北欧のイノベーションのエコシステムについて紐解いていく。具体的には、北欧のスタートアップのエコシステムの構造（1節）、スマートシティやスタートアップの支援と資金調達のしくみ（2、3節）、さらに日本企業の北欧スタートアップへの投資状況（4節）について紹介したい。

1 スタートアップ・エコシステムの特徴

スタートアップ・エコシステムの構造

北欧各国でそれぞれ特徴はあるものの、北欧のテック系スタートアップの領域は、グリーンテック（エネルギー）、スマートシティ、フィンテック、ヘルステック、ディープテック、ゲームをカバーしている。[*1] 領域の重複も頻繁に見られ、多くのスタートアップが複数のスタートアップ・コミュニティに属していることもある。

スタートアップ・コミュニティの中心には、起業家とそのスタートアップ企業があり、さまざま

図1　デンマークのスタートアップ・エコシステム（出典：Heyfunding）

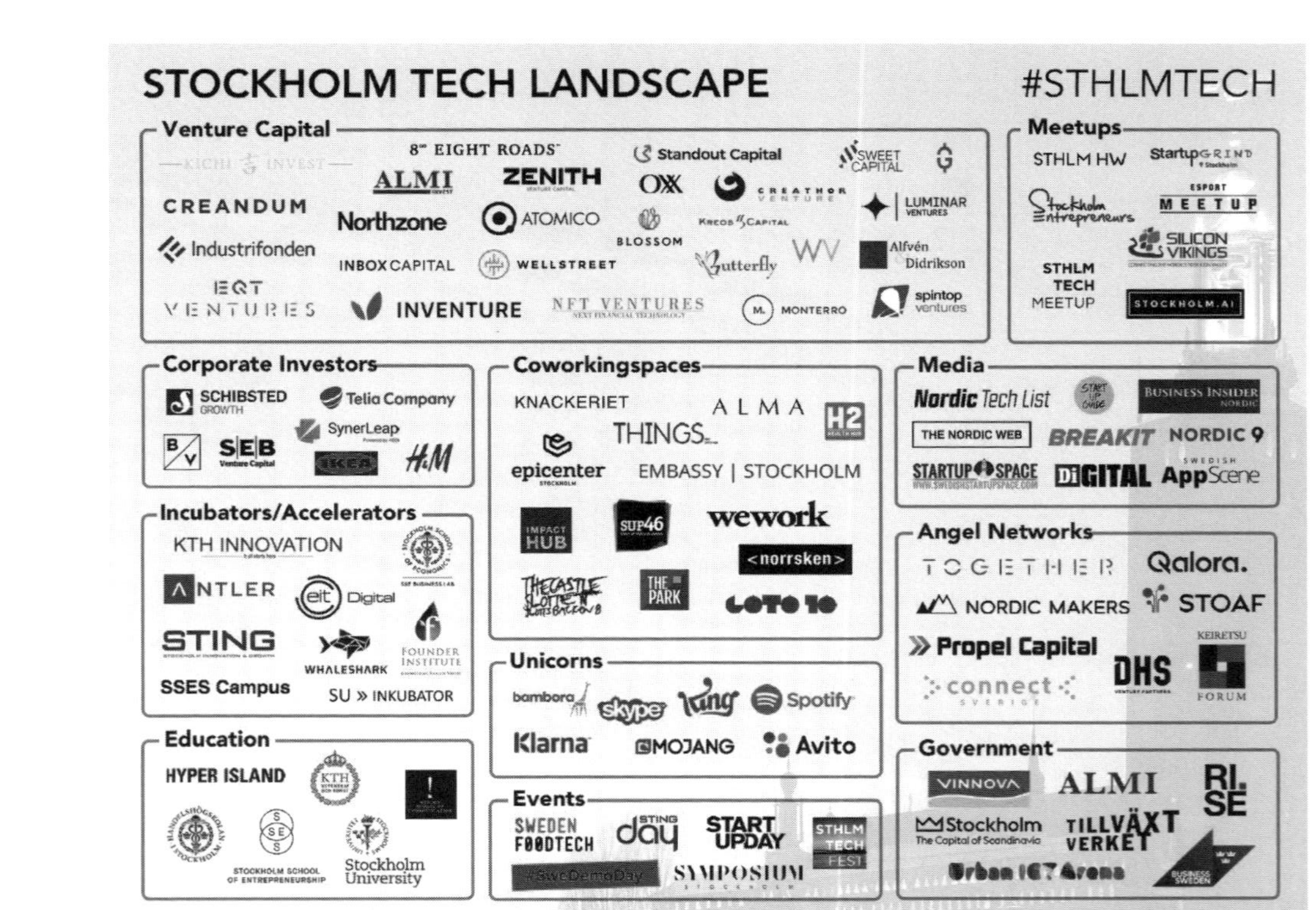

図2　スウェーデンのストックホルムのスタートアップ・エコシステム（出典：©Joseph Michael）

な組織や個人が有形無形の支援を提供している。スタートアップは、自社のニーズに合わせ、最適な人的ネットワークやスキルを求め、複数の組織から支援を受け、渡り歩く。言い換えるならば、起業を成功させる王道はなく、各社それぞれの方法で、ユニコーン企業の道を模索している。

図1は、デンマークのスタートアップ・エコシステムを可視化したものである。図に掲載されている大学・起業コンテスト・地域のビジネス促進機関・スタートアップメディア・国内クラスター・コワーキングスペース・その他の機関は、何らかの形で起業家育成を支援している。これら組織の大多数は、ＥＵやデンマーク政府からの公的資金を取得することで、それぞれの分野の特定のプロジェクトやスタートアップを支援し、イノベーションの促進を念頭に協力体制を構築している。同様の構造は、北欧全域で見られる。

もう一つ、ストックホルムのスタートアップ・エコシステムを紹介しよう。図2に描かれているのは主要な支援組織であるが、たとえばモビリティやＡＩのスタートアップは、こうした多様な組織からそれぞれの組織の特性に応じた支援を受けている。

北欧はユニコーン創出工場

２０２２年に、欧州の代表的なスタートアップメディア「Sifted」が、欧州でユニコーン（創業10年以内、評価額10億ドル以上の未上場のテクノロジー企業）と呼ばれる企業が１２０社に達したと発表した。[*2] 欧州の人口4億4500万人に対して北欧5カ国の人口は2700万人とわずか6％にすぎないが、120社のユニコーンのうち38社は北欧諸国から輩出されている（図3）。2021年の欧州のユニコーン企業数を概観すると、1位がイギリス、2位が北欧、3位がドイツとなっている（図4）。ちなみに、イギリスの人口は6700万人、ドイツは8300万人だ。欧州のユニコーン企業の約3分の1を育成し、2013～22年の約10年で10倍近くのユニコーンを生みだした北欧は、まさに欧州のユニコーン工場といってもいい。また、北欧のテクノロジー・スタートアップの多くは、ICTで生活の質を高めるサービスやツールを提供するという点も興味深い。

スタートアップ・エコシステムの評価指標としてユニコーン企業の発生数があるが、そこでは、企業価値そのものより、成長のスピードが重視される。小さなスタートアップ企業が成長するには、優れた製品やソリューションだけでなく、創設者や企業のビジョンを通して、多数の投資家から資金提供を引き出すことが重要である。短期間に成長を達成できない場合は、小さなスタートアップであればあるほど、資金繰りが破綻し消滅してしまう。つまり、スタートアップ・エコシステムが機能するかどうかは、短期間の成長をしっかり支える環境が整っているかにかかっている。

北欧のスタートアップの成功の理由の一つとして、Skype、Spotify、Supercellといった初期のユニコーンが、短期間でそれぞれの業界をリードする存在になったことが挙げられる。北欧諸国の経済圏は小規模で、スタートアップ企業がアクセスできる資本は限られている。そのため、北欧のスタートアップがグローバル市場にリーチするためには、国外の投資家からの資金提供を受けるこ

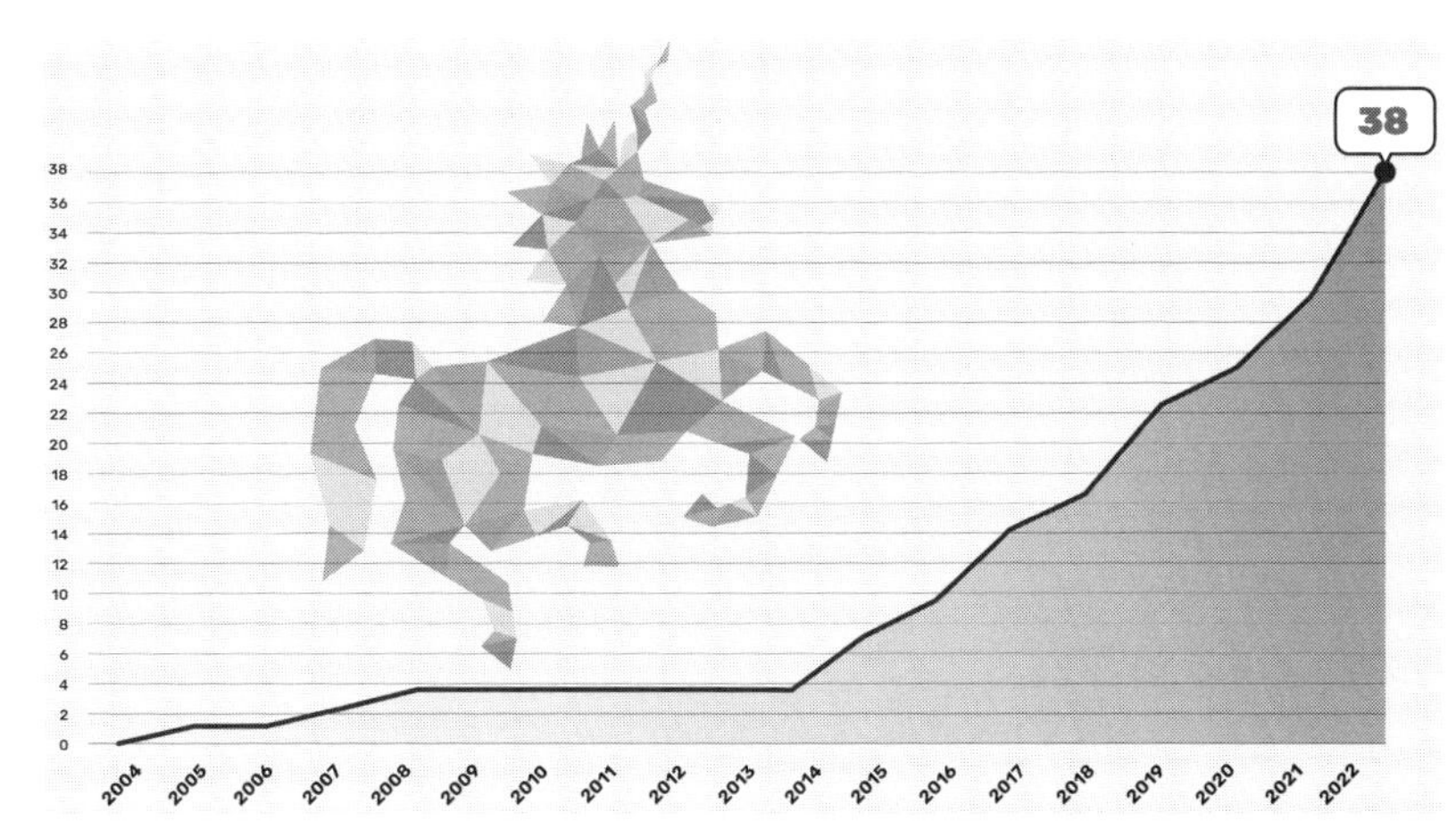

図 3　北欧のユニコーン企業数の推移。2013 ～ 22 年の 10 年間で 4 社から 38 社に急増している
（出典：NAVA）

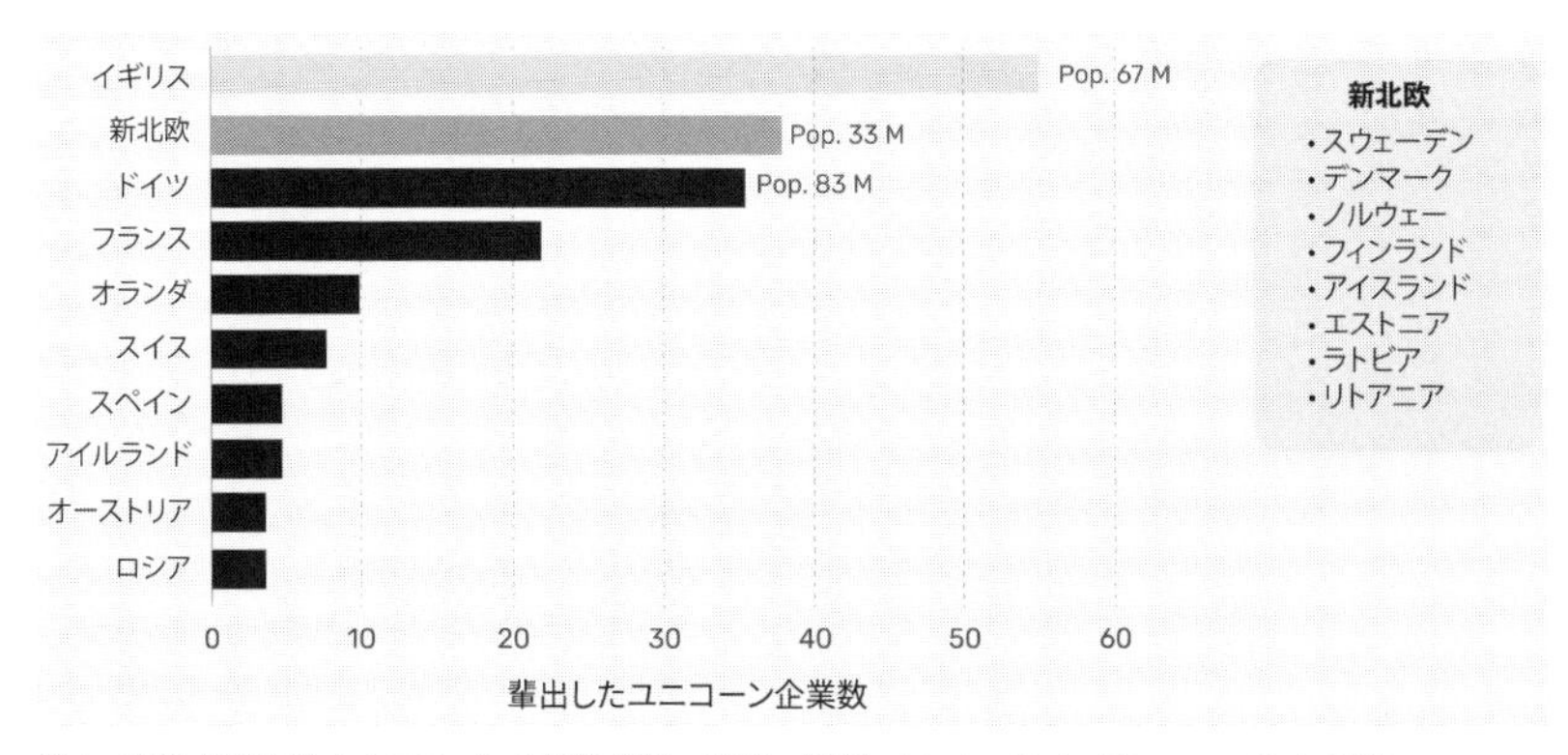

図 4　2021 年の欧州のユニコーン企業数（出典：NAVA、原出典：Atomico, State of European Tech、2021）

とが不可欠になる。これまで先駆的な北欧のユニコーン企業が、シリコンバレーのユニコーン企業のような大きな経済的成功を生みだせることを世界中の投資家に知らしめた結果、投資家からの資金調達のハードルを下げることにつながっている。

ベンチャーキャピタルが支えるスタートアップ

ベンチャーキャピタルは、金融機関の融資が難しいスタートアップ企業に対して投資をする企業で、高リスクを伴うが、平均以上のリターンと見返りを期待できる資金調達の選択肢として知られている。ベンチャーキャピタルが10社に投資した場合、9社が失敗に終わり、1社のみが売却時に利益を得られることも珍しくはなく、成功した1社からの収益が、他の投資先企業の損失分以上をカバーすることも普通に発生する。ベンチャーキャピタルは、たとえリスクが高くても、常に次のユニコーンを探し、例外的な高成長が期待できるスタートアップに投資しているのである。

非常に興味深いことに、北欧のユニコーン創業者をはじめ、会社を売却して利益を得た北欧のスタートアップ創業者の多くは、自分のネットワーク・知識・資本・利益を、北欧のスタートアップ・エコシステムに還元し、新しいスタートアップ企業を支援している。Skypeの創業者であるニクラス・ゼンストロームは、成功によって得た利益を元に、著名なベンチャーキャピタル・ファンドであるアトミコ（Atomico）を設立し、その後、複数の北欧ユニコーン企業を支援した。

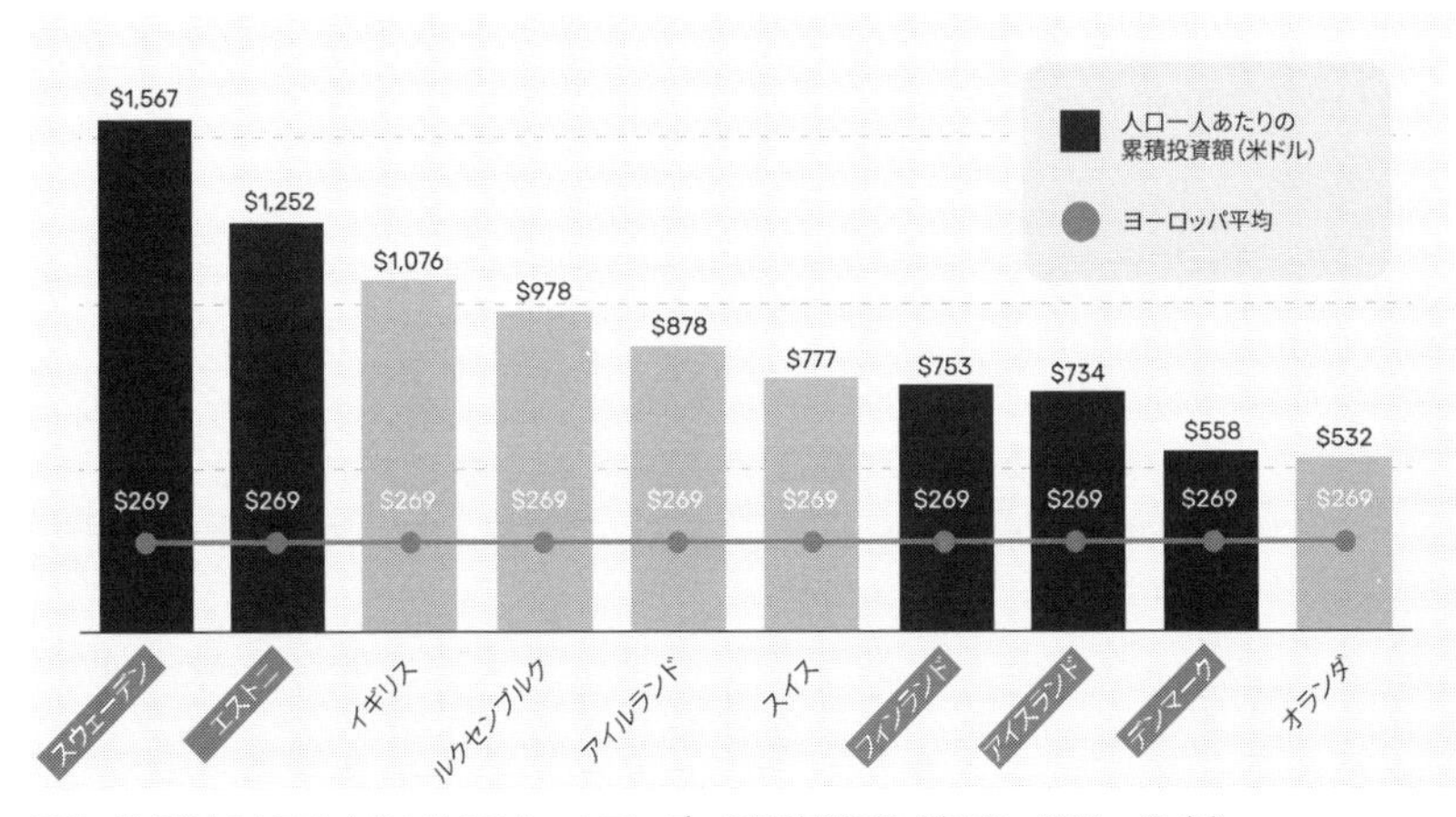

図5　EU諸国の人口1人あたりのスタートアップへの累積投資額（米ドル、2017～21年）
（出典：NAVA、原出典：Atomico, State of European Tech、2021）

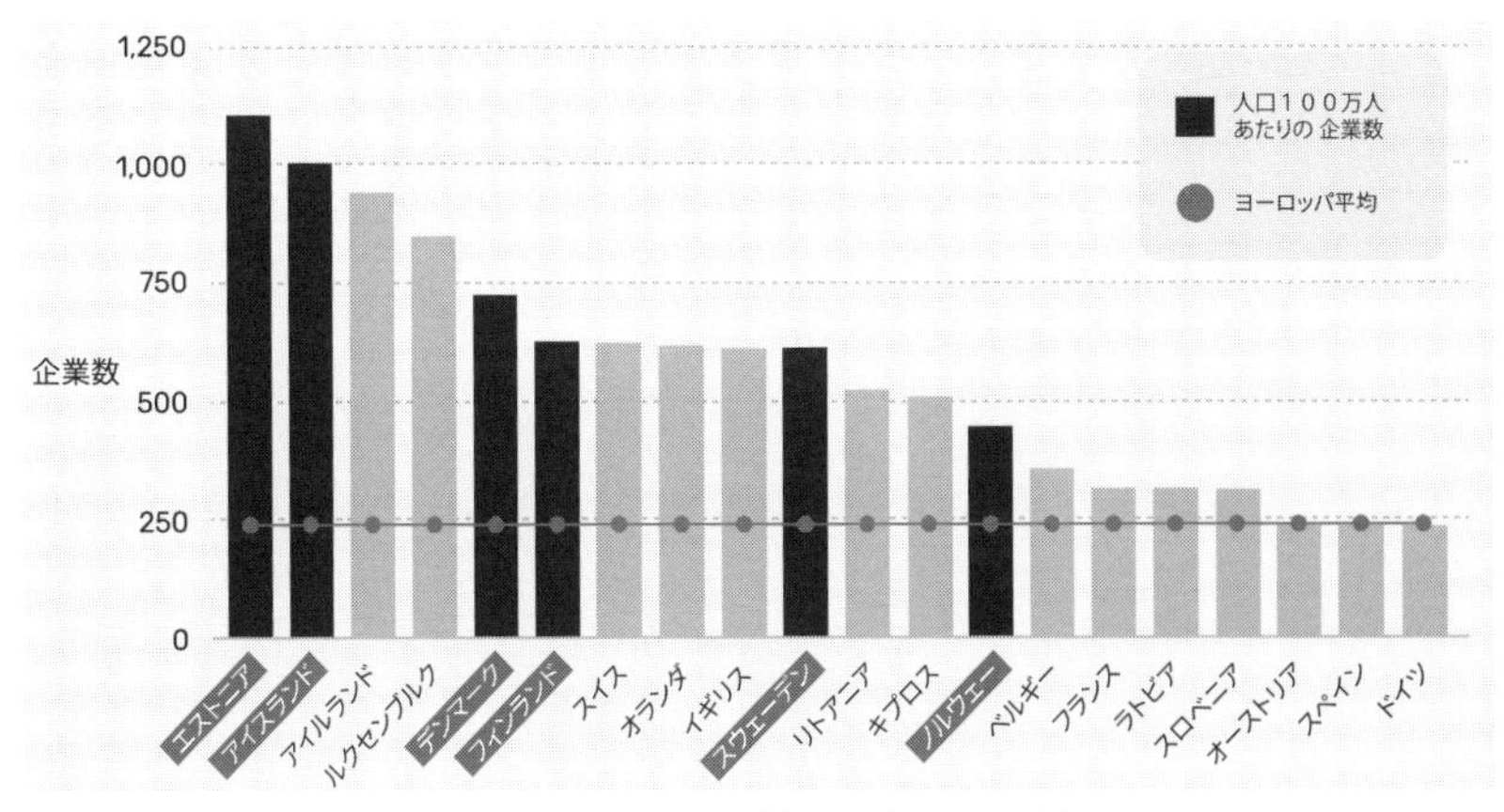

図6　EU諸国の人口100万人あたりのスタートアップ企業数（2017～21年）
（出典：NAVA、原出典：Atomico, State of European Tech、2021）

Spotifyのダニエル・エクも同様に、北欧のスタートアップ企業に資本を提供し支援している。

さらに２０１７～21年のＥＵ諸国の人口１人あたりのスタートアップへの累積投資額を見ると、北欧は上位10カ国に5カ国がランクインしている（図5）。欧州全体の平均累積投資額は２６９ドルである一方、スウェーデンとエストニアは、それぞれ6倍、5倍の額をスタートアップ企業に投資している。つまり、北欧において、スタートアップへ投資するベンチャーキャピタルや投資家が増加すると同時に、その額も増加しているのだ。

ベンチャーキャピタルの存在は、起業数に影響を与える要因の一つである。２０１７～21年のＥＵ諸国の人口１００万人あたりのスタートアップ企業数を見ると、北欧は上位20カ国に6カ国がランクインしている（図6）。特にエストニアとアイスランドは、欧州全体のスタートアップ企業数の平均が２５０社であるのに対し、その6倍、5倍以上のスタートアップを生みだしている。

こうしたデータの背後には、スタートアップ企業の多くが、多様な民間および公的機関から資本や非金銭的支援を受けている実態がある。スタートアップへの起業支援は、事業のライフサイクルに沿って、多様な組織が多様な資源を提供し、それらを組みあわせることで成立している。

2 イノベーション支援のスキーム

北欧のイノベーション関連資金

EU加盟国
- Interreg Botnia - Atlantica
- Interreg Central Baltic
- Interreg Nord
- Interreg Öresund - Kattegat - Skagerrak
- Interreg Sweden - Norway
- Interreg South Baltic
- Interreg Baltic Sea Region
- Interreg North Sea Region
- Northern Periphery and Artic 2014-2020

北欧
- Nordic Innovation
  - ノルディック・イノベーションハウス東京

各国
- デンマーク
- スウェーデン
- ノルウェー
- フィンランド
- エストニア

図7　北欧の資金支援スキーム（出典：北欧理事会、EU）

北欧でスマートシティが積極的に推進される背景には、投資を含めた多様な資金支援のスキームがある。北欧では、スマートシティ分野のプロジェクトやビジネスを後押しするために、個人・組織・スタートアップが資金を獲得する手段が充実している。

北欧諸国の資金支援スキームは、EU、北欧エリア、各国の三つの主要カテゴリーに分類される（図7）。EUでは加盟国の社会・経済的発展を支援するプログラムを多数用意しており、国・地域・産業の境界を越えて支援している。さらに、北欧5カ国が協力団体を立ち上げ、国を超えて資金を支援するプログラムも実施している。

北欧の各国も、スタートアップ・イノベーション支援に多額の公的資金を投入している。代表的なファンドとしては、デンマークの「Innovations Fonden」「Danish Green Investment Fund」、フィンランドの「Agile Piloting Program」、スウェーデンの「Almi Invest」などがある。

ＥＵの支援プログラム

ＥＵは、イノベーションプロジェクトやスタートアップ企業が活用できる多様な資金とリソースを提供している。その資金提供プログラムは、統合（北欧で異文化差別をなくすという文脈で使われる概念）・政策・人道支援・競争力向上・研究に至るまで幅広い領域をカバーしており、その拠出額も巨額である。ただ、この魅力的なＥＵのプログラムは申請が複雑で、プロセスが官僚的であり、競争率が高いことが難点である。資金取得のハードルが非常に高いため、申請・取得を専門的にサポートするコンサルタントや専門家がいるほどだ。

■インターレグ・ヨーロッパ

「インターレグ・ヨーロッパ（Interreg Europe）」は、プロジェクトへの資金提供を通じて、国・広域自治体・地方自治体の関係者間での協働を促し、政策交流の枠組みを構築するＥＵの主要な資金提供プログラムの一つである。その目標は、各国共通の課題に取り組み、健康・環境・研究・教育・輸送・サステイナブルなエネルギーなどの分野で共通の解決策を見つけることと定義されている。２０１４年から20年にかけて、インターレグは１０１０億ユーロ（約14兆円）の予算で運営され、約80件のプログラムに投資が行われた。

複雑なＥＵ資金をより適切に活用するために、国を超えた協力スキームをつくり、各地域での課題解決に活用可能な資金が割り当てられる形をとっている。

たとえば、スウェーデン・デンマーク・ノルウェーの特定地域をまたぐ資金提供団体の一つとして、EUから1億3500万ユーロ（約189億円）の支援を受けている「インターレグ・ウァスンド・カタガット・スケーラグ（Interreg Öresund-Kattegat-Skagerrak）」がある。イノベーション・低炭素経済・輸送・雇用の分野の発展を目指す北欧の共同プロジェクトへの資金提供を行い、これまで83件もの大学・公的機関・スタートアップを含む民間企業が協働する産官学民連携の国際プロジェクトを支援してきた。たとえば、デンマーク・コペンハーゲンとスウェーデン・マルメに立地するスタートアップ企業や中小企業が相互にアクセスしやすくする「クリーンテックインパクト・アクセラレータ・プログラム（Cleantech Impact Accelerater Program）」がある。

フィンランド・エストニア・ラトビア・スウェーデンで構成される「中央バルト海プログラム2014―2020（Central Baltic Program）」では、世界経済における競争への対応・共通資源の持続可能な利用・地域連携・人材支援と包括社会を目指す97件のプロジェクトに対し資金を提供してきた。たとえば、「ASIA-CLEAN」はクリーンテック企業が北東アジア市場へ進出する支援を行うハブを、「CAITO」は日本の観光客をバルト諸国に引きつけるためのハブを構築している。

興味深いのは、多くのプロジェクトが、技術とイノベーションのハブを構築し、組織化されているということだ。それらのハブでは、スタートアップやその他の関連組織が集まり、テーマに関する知見を蓄積し、協働体制を構築している。小さな辺境国が寄り集まり、世界にインパクトをもたらす大きな力を発揮しているのである。

北欧諸国の支援プログラム

■北欧理事会

北欧理事会（Nordic Council of Ministers）は、1971年に設立された公式の政府間組織であり、歴史ある地域協力組織である。デンマーク・フィンランド・アイスランド・ノルウェー・スウェーデン・フェロー諸島・グリーンランド・オーランドの五つの国家・三つの自治領が参加する、エネルギー・文化・福祉・イノベーションなどの分野をカバーする11の評議会で構成され、特に北欧地域のスマートシティの開発に力を入れている。

理事会の議長は、1年間の持ち回りで北欧5カ国から選出され、議長国は組織の運営プログラムの概要を策定する。評議会の決定は、全会一致で合意される必要がある。現在の包括的ビジョンは、「北欧は2030年までに世界で最もサステイナブルで統合された地域になる」というものである。

北欧理事会が運営している下部組織の一つに「ノルディック・イノベーション」があり、北欧のスマートシティの発展に直接的に関与している。さらに、ノルディック・イノベーションは、出先機関として「ノルディック・イノベーションハウス」を東京を含めた5都市に設置している。次に、それぞれの組織に関して簡単に解説する。

■ノルディック・イノベーション

「ノルディック・イノベーション（Nordic Innovation）」は、ノルウェーのオスロにオフィスを構え、北欧諸国から招いた22人の職員を擁するプラットフォームである。北欧の産業界における起業家精神・イノベーション・競争力の強化を促進し、北欧地域がサステイナブルな成長を遂げることを目的としている。

主な活動は、年間予算9千万ノルウェー・クローネ（約12億円）を各国のプロジェクトに分配することである。支援するプログラムとプロジェクトの重点分野は、北欧諸国のビジネス・イノベーション担当大臣らによって決められ、期間限定で実施される。2018年から21年の重点分野は、①スマートモビリティとネットワーク連携、②サステイナブルなビジネストランスフォーメーション、③健康・人口構成・生活の質の向上の三つである。

さらに、いくつかの特別プログラムも設定されている。たとえば、サステイナブルな都市づくり、ビジネス拡大、観光、女性起業家の育成、スマートガバメント、インパクト投資、イノベーションハウスの運営などだ。各プログラムの進捗や結果は、ウェブサイトで公開されている。2019年にノルディック・イノベーション傘下で実施された60プログラムのうち20件に8830万ノルウェー・クローネ（約12億円）の資金が提供され、19年末の段階で40件が継続中だ。

プロジェクトの多くは、新しい産業クラスター・ネットワーク・ビジネスモデル・イノベーションハブ・知識を共有するプラットフォームなどの構築を進めるものである。そこでは、新しいテク

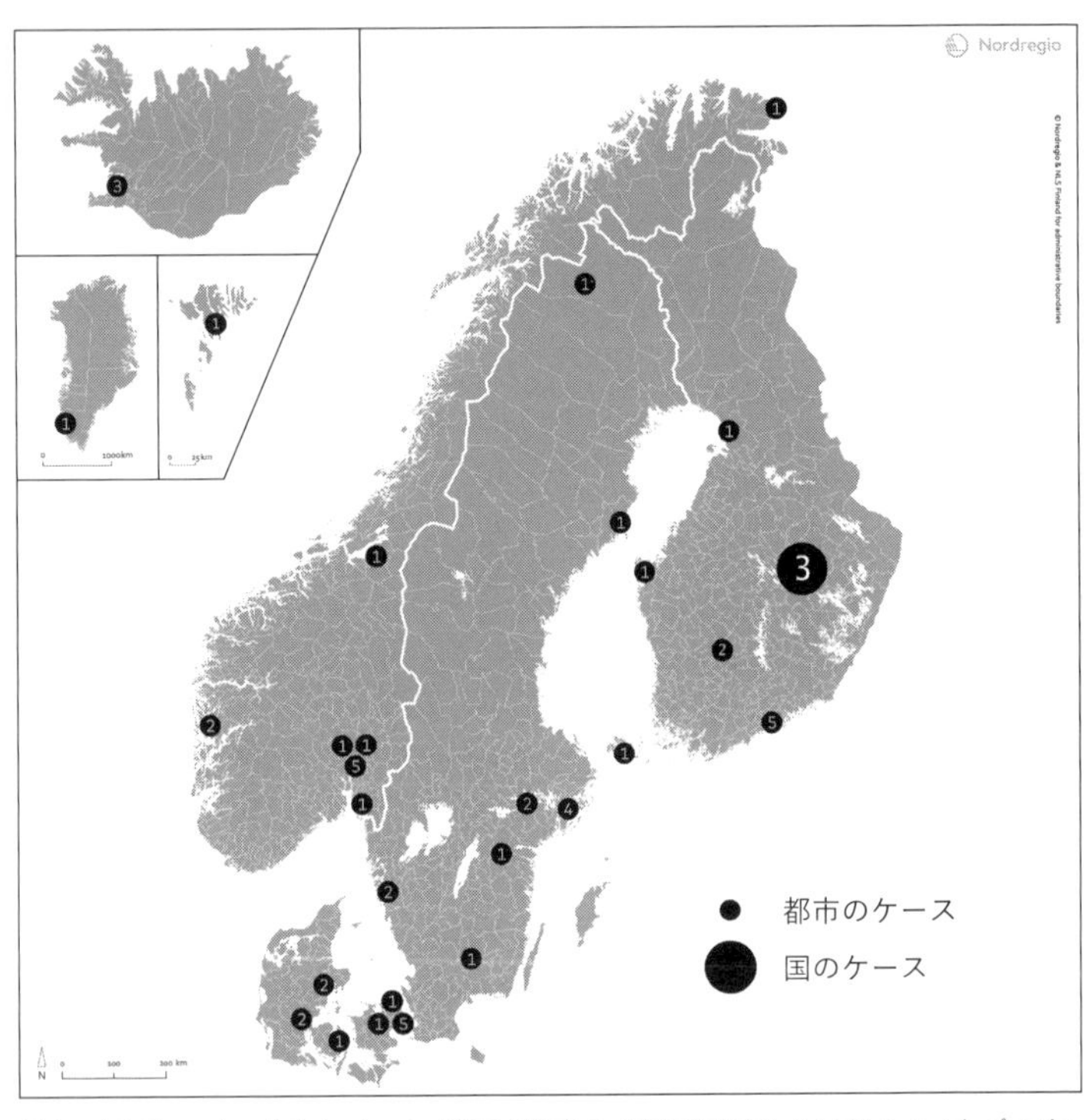

図8　ノルディック・イノベーションが資金提供する「北欧のサステイナブルシティ」プロジェクトでは、北欧各国から自治体、NPO、民間企業、政府の専門家によって、サステイナブルな都市開発の54事例が選出された（出典：Nordic Innovation）

ノロジーのテストベッド（試験用プラットフォーム）の構築や、リビングラボ（6章参照）の設置、財政的支援、サステイナブルな都市づくりに向けた調査・分析を通して、北欧の都市が２０３０年にカーボンニュートラルに移行するための各種プロジェクトが提案・実施されている（図８）。

これまでのプロジェクトには、グリーンモビリティを推進する「空飛ぶ絨毯プロジェクト」、衰退地域を再開発する「ノアブロ地区の魂」などがある。最近では、ＡＩの活用やヘルステックなど、より高度な先端技術に焦点を当てたプロジェクトに資金が提供される傾向がある。

■ノルディック・イノベーションハウス

「ノルディック・イノベーションハウス（Nordic Innovation House）」は、ノルディック・イノベーションの出先機関として、北欧のテクノロジー企業、スタートアップ企業のスケールアップを狙い、グローバルなイノベーションのエコシステムの構築を支援する組織である。このプログラムは、２０１４年から実施され、北欧の企業がシリコンバレー、ニューヨーク、シンガポール、香港、東京で事業を展開する際に、現地企業とのコラボレーションの機会や強力なネットワークコミュニティ、アクセラレータ・プログラムなどを提供している。

世界5都市に展開するノルディック・イノベーションハウスの一つ、「ノルディック・イノベーションハウス東京」は、新型コロナウイルス感染症のために２０２０年3月の立ち上げが延期された。しかし、数カ月後に多くの業務をオンラインに移行してローンチされ、北欧企業を日本の投資家や企業に紹介するイベントを多数実施してきた。現在、スマートシティ関連を含む北欧のイノベーション企業やアクティビティの周知を進め、日本での北欧のプレゼンスの確立に貢献している。

初期を支える公的ファンドと民間投資

北欧において、スタートアップ企業の資金調達の多くは、公的な助成金や民間の投資から始まる。他国と比較して、北欧諸国は起業家への資金提供が初期段階から行われやすいといわれるが、これは、投資家が事業のアイデア段階からコミットすることが重要であると考えていることによる。スタートアップへの投資は、通常、創業者自身、エンジェル投資家（創業間もないベンチャー・ビジネスに投資する個人投資家）、クラウドファンディング、スタートアップ・コンペティション、家族や友人からの投資が見込まれ、近年、スタートアップの初期活動が以前よりも活発になっていることは注目に値するだろう。

■デンマークの公的ファンド

ここでは、デンマークの公的ファンドについて紹介する。たとえば、デンマークの国営投資機関「イノベーションファンド・デンマーク（Innovation Fund Denmark）」は、２０１９年だけでも4千万ユーロ強（約56億円）を投資している。投資対象は、優れたアイデアを持つ研究者、地方の起業家、ビジネス分野の博士課程の学生、国際的なコラボレーションを希望するスタートアップなどで、社会課題に対して革新的でサステイナブルなソリューションを提供することを目的としている。これまでに投資した例として「TOPChargE」プロジェクトは、電気自動車の充電ステーショ

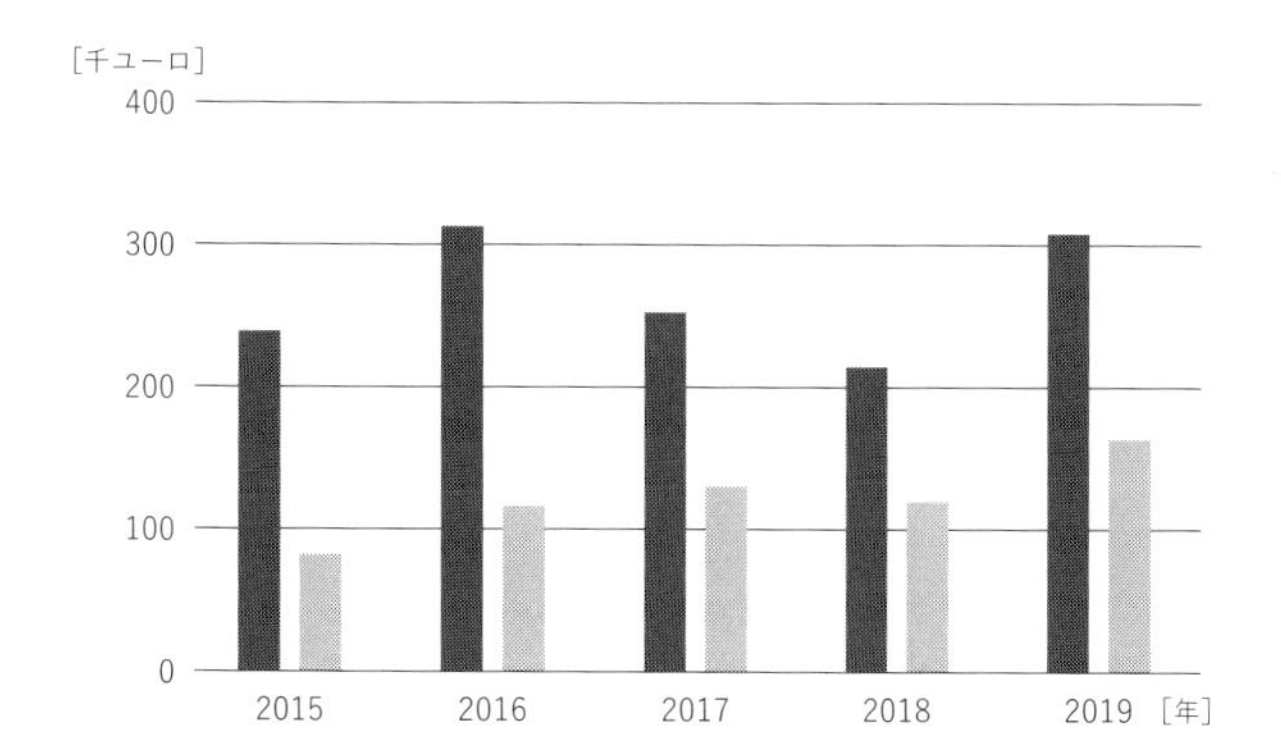

図9　デンマーク・ビジネス・エンジェルズのスタートアップへの投資状況（出典：DanBAN）

ンに設置するバッテリーを開発している。電力網の安定化と電気自動車のグリーンエネルギー供給を両立させるソリューションとして注目される。

また、「デンマーク起業家支援ファンド（Danish Foundation for Entrepreneurship）」は、デンマークの教育制度内での起業家育成を支援している。たとえば、同ファンドは高等教育機関に在籍する学生起業家に３４００～６７００ユーロ（約47～93万円）の少額の奨学金を授与している。２０１９年には民間のツボルグファンドと共同で、国連の持続可能な開発目標に取り組む若手起業家を表彰する制度を立ち上げた。

より成熟したファンドとしては、２０１４年に政治的合意に基づいて設立された「デンマーク・グリーン投資ファンド（Danish Green Investment Fund）」がある。このファンドは、環境保護・再生可能エネルギー・資源効率化のための大規模プロジェクトに他団体と共同出資しており、プロジェクト総費用の60％までの融資が基本となっている。個々の融資額は200万～4億デンマーク・クローネ（約3800万～76億円）で、償還期間は最長30年である。

グリーン投資ファンドは、社会の持続可能な発展を支援するプロジェクトへの資金提供と促進を目的として設立された国の貸付基金である。民間企業・非営利の住宅協会・公共部門の企業や機関が、この基金からの融資を申請することが可能だ。

■デンマークの民間投資

一方、デンマークの民間投資も増加傾向にある。2019年には、約164名の個人投資家からなる小規模投資家ネットワーク「デンマーク・ビジネス・エンジェルズ（Danish Business Angels、DanBAN）」が200社以上のスタートアップ企業に合計3450万ユーロ（約48億円）を投資している（図9）。DanBANが1社に投資する平均投資額も年々上昇しており、19年には2社にそれぞれ約160万ユーロ（約2・2億円）を投資し、北欧のスタートアップシーンでそのプレゼンスを拡大させている。DanBANの投資総額は約5億ユーロ以上（約700億円）に達した。

3 スマートシティ・スタートアップの資金調達

２０１６年、前述したノルディック・エッジは２０１４年から16年までの北欧のスマートシティ・スタートアップへの投資状況についてレポートを公開し注目された。[*3] レポートは、スマートシティ・スタートアップを、経済、市民、モビリティ、環境、政府・行政の各分野で活動するスタートアップと定義し、北欧諸国の傾向を分析したものである。

レポートによると、国別の投資件数ではスウェーデンが圧倒的に多くの投資を行っており（図10）、また、ノルウェーやフィンランドでは、スマートシティ分野に多くの投資が行われている（図11）。スウェーデンは、ほとんどの分野で最も成熟したスタートアップ・エコシステムを持っていることが強みとなっている。また、スマートシティ・スタートアップへの投資総額を見ると、２０１４年から一貫して増加していることがわかる（図12）。２０１４年から15年にかけて、投資総額は２７１％増加、16年には2億ドル（約２４０億円）を突破するなど、注目が高まっている。

■スマートシティ・スタートアップの資金調達例

北欧のスタートアップ企業の多くは、ソリューションや製品、業界の成熟度に応じて、公的助成金および民間のファンドを組みあわせて資金調達を行っている。多くの場合、製品やソリューションの成熟度により、資金調達の選択肢が変化するとはいえ、エンジェル投資家やベンチャーキャピタルから投資を受ける前に、公的投資ファンドからアーリーステージのマイクロ・ファンディングの助成金を受けて、アイデアやコンセプトを開発している。ここではスマートシティ関連の事業を

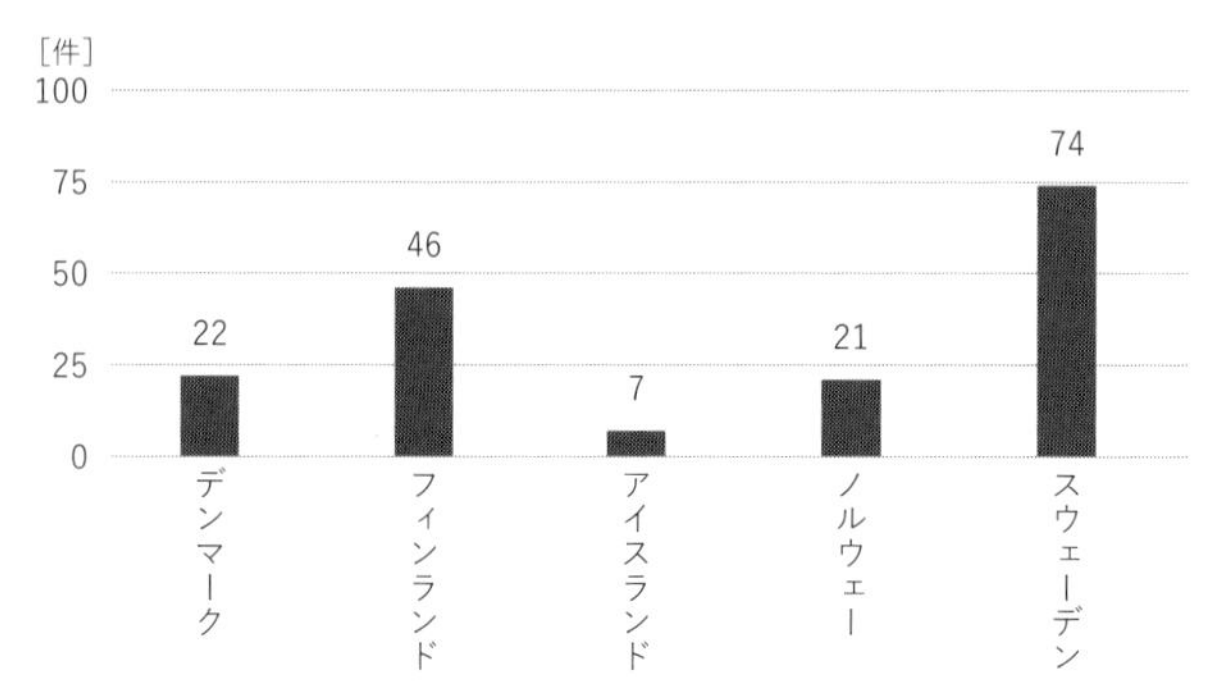

図 10　国別の北欧のスマートシティ・スタートアップへの投資件数（出典：Nordic Web）

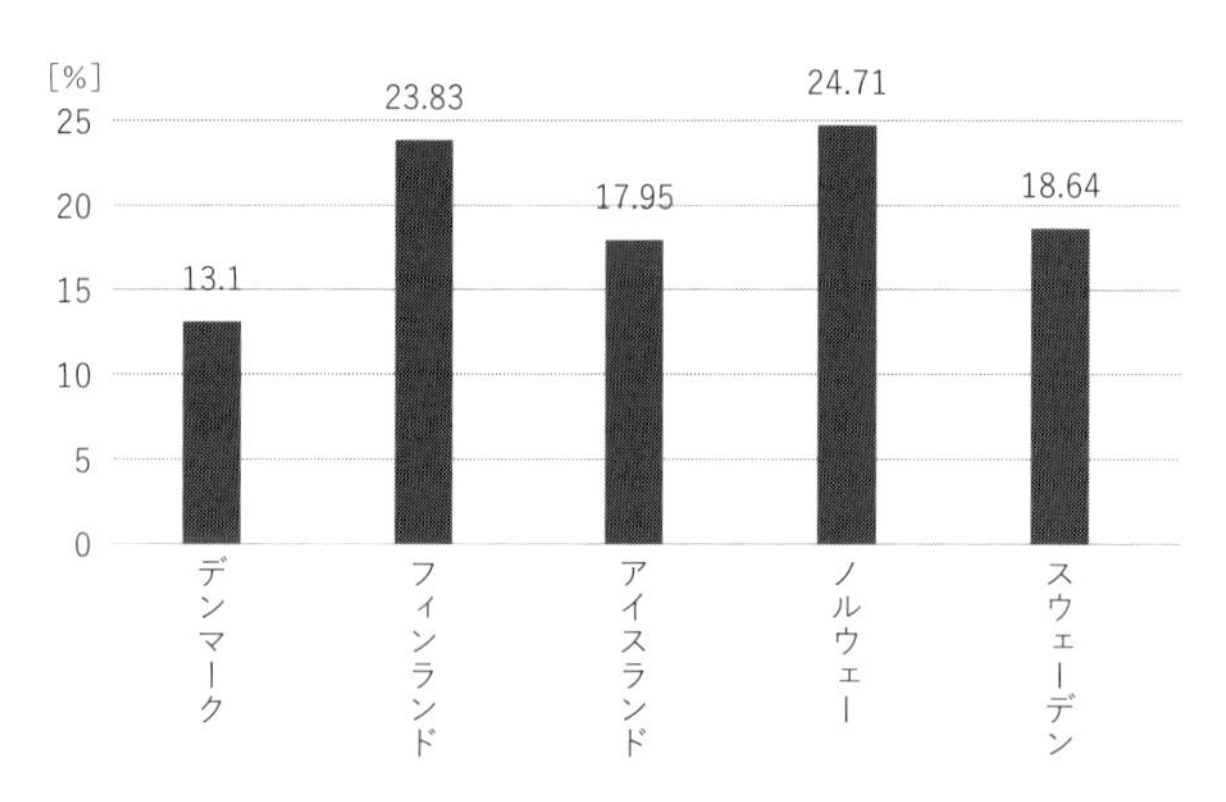

図 11　国別の投資総額に占めるスマートシティ分野の割合（出典：Nordic Web）

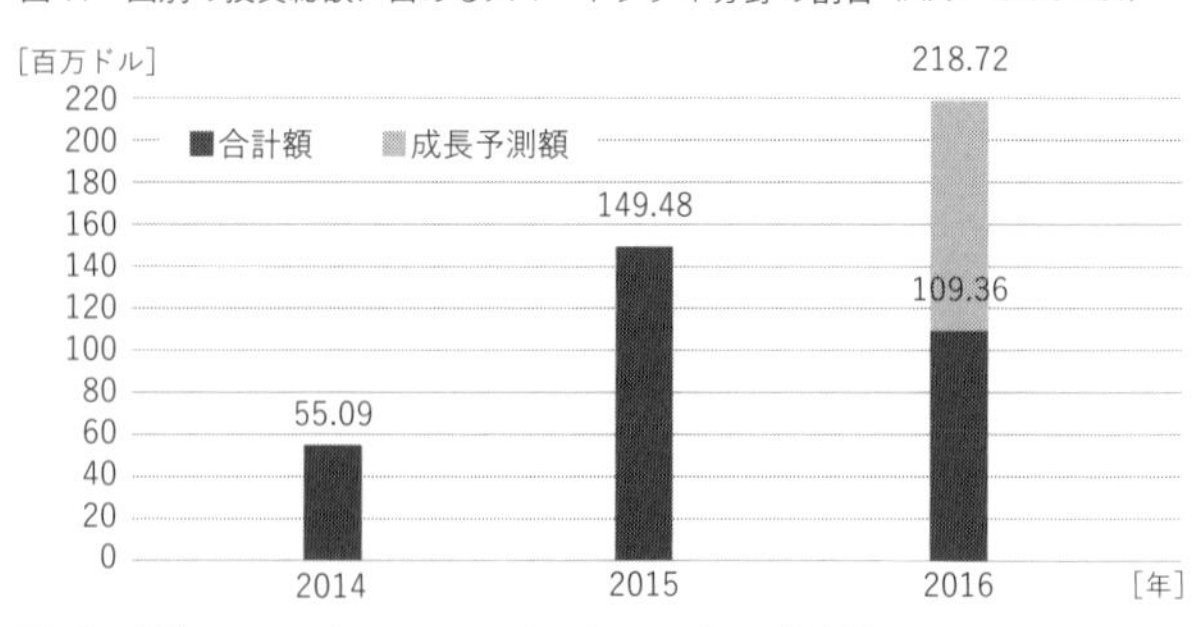

図 12　北欧のスマートシティ・スタートアップへの投資額（出典：Nordic Web）

展開するスタートアップの資金調達の事例を紹介しよう。

デンマークのセンセード社（Sensade）は、ＩｏＴベースのスマートパーキング・ソリューションを提供するスタートアップで、主に都市の駐車場の空き状況に関する情報をリアルタイムで提供するサービスを展開している。実は、センセード社はオールボー大学の学生のスピンオフ企業なのである。学生のスタートアップグループは、まずオールボー大学から、次に地元の公共事業開発機関からアドバイスを受けてアイデアを具体化し、イノベーションファンドから初期開発助成金を受け、その後、地元のエンジェル投資家から投資を受けるというプロセスを経た。

また、デンマークのコーゴ社（Cogo）は、都市部でシェアされているすべての電動スクーター・自転車・自動車を検索して比較するアプリで、ベンチャーキャピタルから１００万ユーロ（約１・４億円）の投資を得たのを皮切りに、その後、イノベーションファンドから、より成熟した技術ソリューションを対象とした公的な開発助成金を得て飛躍につながった。

自律走行ソフトウェアを開発しているフィンランドのセンシブル４社（Sensible 4）は、前述したＥＵの「インターレグ・ヨーロッパ」と「ホライズン２０２０(Horizon 2020)」から資金を調達し、公共交通機関と連携してバスの自動運転技術を開発し社会実証を行った。ホライズン２０２０とは、２０１４〜20年に約８００億ユーロ（約11兆円）の予算で運営されたＥＵの研究・イノベーション資金調達プログラムである。このプログラムは産官学民のコラボレーションを軸に、政府・学術界、テスト施設を保有する機関、良品計画といった民間企業が参加し、自動運転バス「ガチャ

（Gacha）」が開発された（3章参照）。2020年には、同プロジェクトは、国際協力銀行が支援する伊藤忠商事とノルディック・ニンジャから700万ドル（約8・4億円）の投資を受けている。

4 日本企業のスタートアップへの投資

前述のように、スタートアップ企業が規模を拡大し、世界市場で勝負するためには、グローバルな資金調達が必要である。北欧のスタートアップは、いわゆるボーングローバル*4といわれ、最初から世界市場を視野に入れ、国際基準に合わせた製品やサービスを開発している。しかしながら、そのようなマインドセットを持っていたとしても、世界市場に進出するには多額の資金やネットワークを自国で十分に集めることができないという問題にしばしば直面する。これは、北欧のスタートアップ・エコシステムの主要課題の一つである（図13）。

筆者（ニールセン）は、「ノルディック・アジアン・ベンチャー・アライアンス（Nordic Asian Venture Alliance、NAVA）」という北欧のスタートアップと日本の投資家をマッチングするアライアンスで活動している。このアライアンスは、2013年以降に日本の投資家や企業が北欧のスタートアップに積極的に投資する傾向が強まるなかで始まった。日本の企業や投資家は、世界的にテック系スタートアップに積極的に投資しており、図14に示す通り、北欧のテック系スタート

図13　2021年9月、北欧のテックイベント「TechBBQ2021」で、日本と北欧のエコシステムの連携が議論された。右はノルディック・ニンジャの新國信一氏

アップへの投資も増加傾向であることがわかる。

北欧では、2013年にソフトバンクとガンホー・オンライン・エンターテイメントがフィンランドのモバイルゲーム開発会社スーパーセル社（Supercell）に初めて投資を行ったのを皮切りに、約10年間、日本からの投資ブームが起きている。2017年には投資件数が急激に伸び、20～21年にもコロナ禍にもかかわらず、投資は継続した。対象国としては、特に、エストニアとフィンランドが多く、直近1年間ではスウェーデンが最も多くの投資を受けている（図14）。

NAVAの調査では、現在北欧のスタートアップ企業に対する114の投資ラウンドのうち62の案件に対して、日本企業が参加しており、一部の企業は複数回投資し、いくつかのラウンドで共同投資をしているとされる（図15）。たとえば、図16に示す通り、北欧のスタートアップに最も積極的に投資している日本企業10社のうち、ノルディック・ニンジャ、ソフトバンク、Mistletoeの3社だけで、

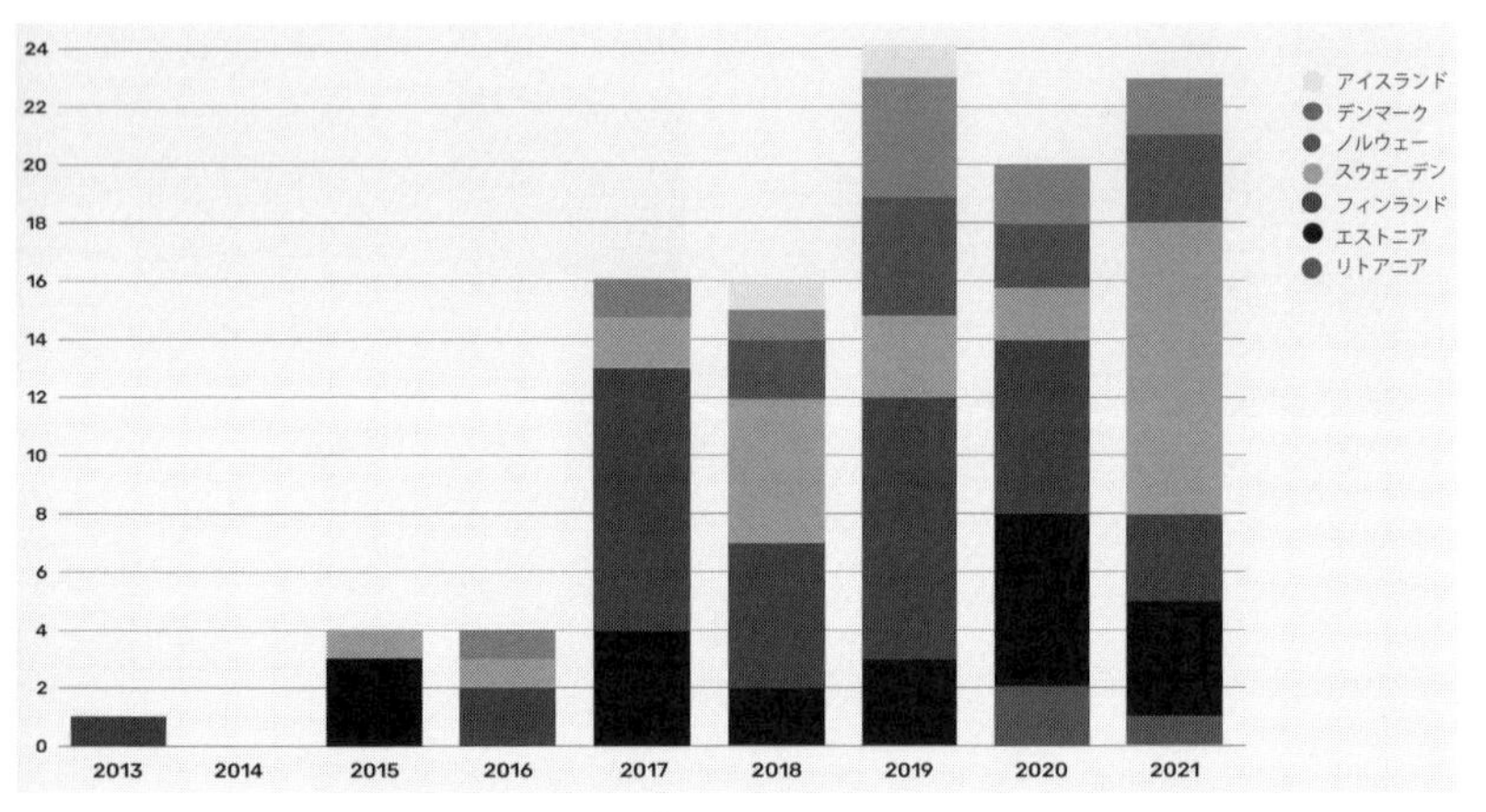

図14　日本企業による北欧のスタートアップへの投資件数の推移（2013 ~ 21 年）（出典：NAVA）

日本企業による投資全体の32%を占めている。

さらに、日本企業の中には、北欧のベンチャーキャピタルに出資してLP投資家（スタートアップに直接投資するのではなく、ベンチャーキャピタルを通して出資する投資家）として代理投資している企業もある。たとえば、デジタルガレージはbyFounders（デンマーク）に、ウーブンキャピタル（トヨタ）は2150.vc（デンマーク）に、オムロン、パナソニック、ホンダ、国際協力銀行はノルディック・ニンジャ（フィンランド）に、伊藤忠商事とMistletoeがTera Ventures（エストニア）に、アレスコベンチャーズはThorgate Ventures（エストニア）に、LPとして出資している（図17）。

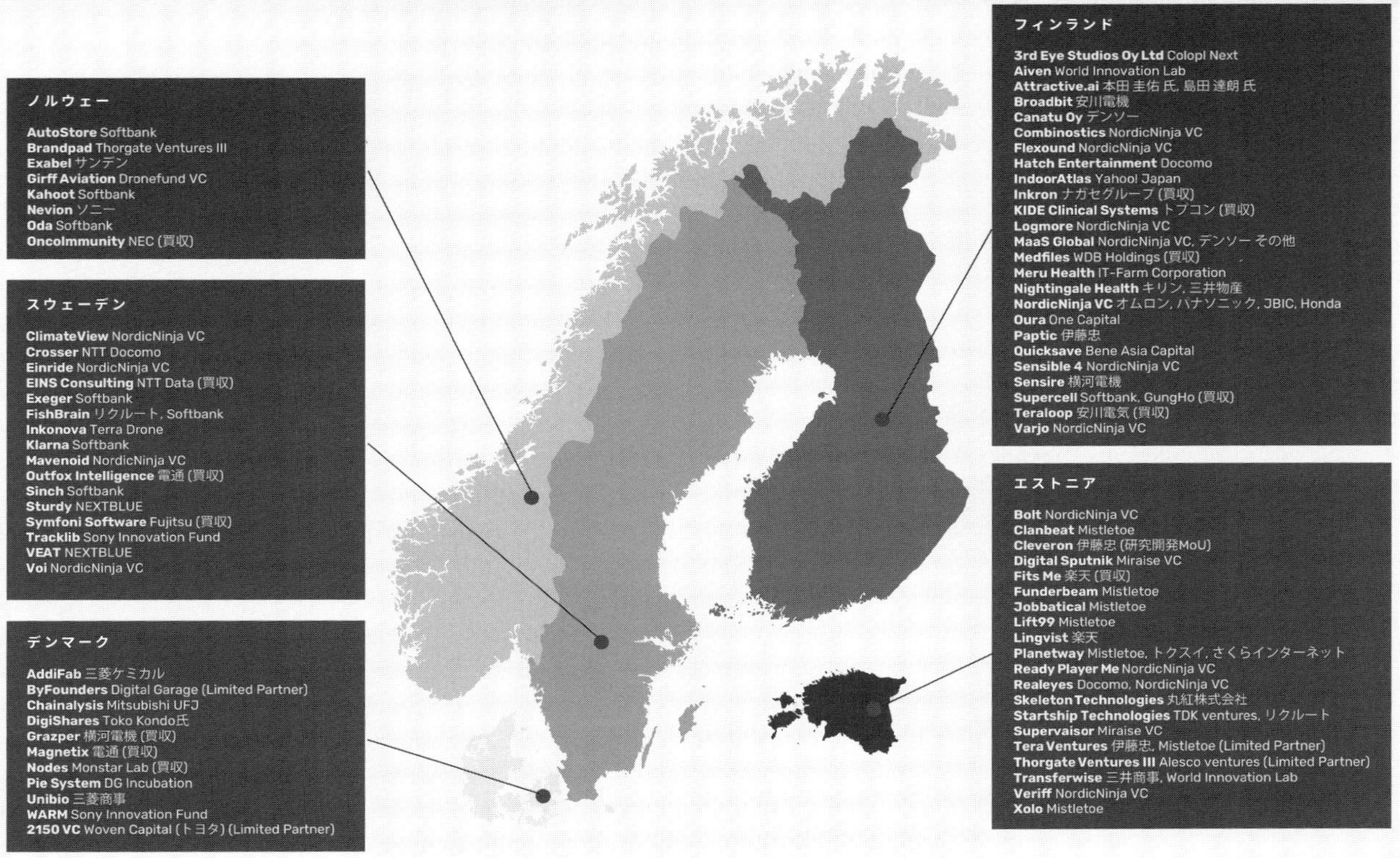

ノルウェー

AutoStore Softbank
Brandpad Thorgate Ventures III
Exabel サンデン
Girff Aviation Dronefund VC
Kahoot Softbank
Nevion ソニー
Oda Softbank
OncoImmunity NEC (買収)

スウェーデン

ClimateView NordicNinja VC
Crosser NTT Docomo
Einride NordicNinja VC
EINS Consulting NTT Data (買収)
Exeger Softbank
FishBrain リクルート, Softbank
Inkonova Terra Drone
Klarna Softbank
Mavenoid NordicNinja VC
Outfox Intelligence 電通 (買収)
Sinch Softbank
Sturdy NEXTBLUE
Symfoni Software Fujitsu (買収)
Tracklib Sony Innovation Fund
VEAT NEXTBLUE
Voi NordicNinja VC

デンマーク

AddiFab 三菱ケミカル
ByFounders Digital Garage (Limited Partner)
Chainalysis Mitsubishi UFJ
DigiShares Toko Kondo氏
Grazper 横河電機 (買収)
Magnetix 電通 (買収)
Nodes Monstar Lab (買収)
Pie System DG Incubation
Unibio 三菱商事
WARM Sony Innovation Fund
2150 VC Woven Capital (トヨタ) (Limited Partner)

フィンランド

3rd Eye Studios Oy Ltd Colopl Next
Aiven World Innovation Lab
Attractive.ai 本田 圭佑 氏, 島田 達朗 氏
Broadbit 安川電機
Canatu Oy デンソー
Combinostics NordicNinja VC
Flexound NordicNinja VC
Hatch Entertainment Docomo
IndoorAtlas Yahoo! Japan
Inkron ナガセグループ (買収)
KIDE Clinical Systems トプコン (買収)
Logmore NordicNinja VC
MaaS Global NordicNinja VC, デンソー その他
Medfiles WDB Holdings (買収)
Meru Health IT-Farm Corporation
Nightingale Health キリン, 三井物産
NordicNinja VC オムロン, パナソニック, JBIC, Honda
Oura One Capital
Paptic 伊藤忠
Quicksave Bene Asia Capital
Sensible 4 NordicNinja VC
Sensire 横河電機
Supercell Softbank, GungHo (買収)
Teraloop 安川電気 (買収)
Varjo NordicNinja VC

エストニア

Bolt NordicNinja VC
Clanbeat Mistletoe
Cleveron 伊藤忠 (研究開発MoU)
Digital Sputnik Miraise VC
Fits Me 楽天 (買収)
Funderbeam Mistletoe
Jobbatical Mistletoe
Lift99 Mistletoe
Lingvist 楽天
Planetway Mistletoe, トクスイ, さくらインターネット
Ready Player Me NordicNinja VC
Realeyes Docomo, NordicNinja VC
Skeleton Technologies 丸紅株式会社
Startship Technologies TDK ventures, リクルート
Supervaisor Miraise VC
Tera Ventures 伊藤忠, Mistletoe (Limited Partner)
Thorgate Ventures III Alesco ventures (Limited Partner)
Transferwise 三井商事, World Innovation Lab
Veriff NordicNinja VC
Xolo Mistletoe

図 15　日本企業による北欧でのスタートアップ投資状況（2013 ～ 21 年）（出典：NAVA）

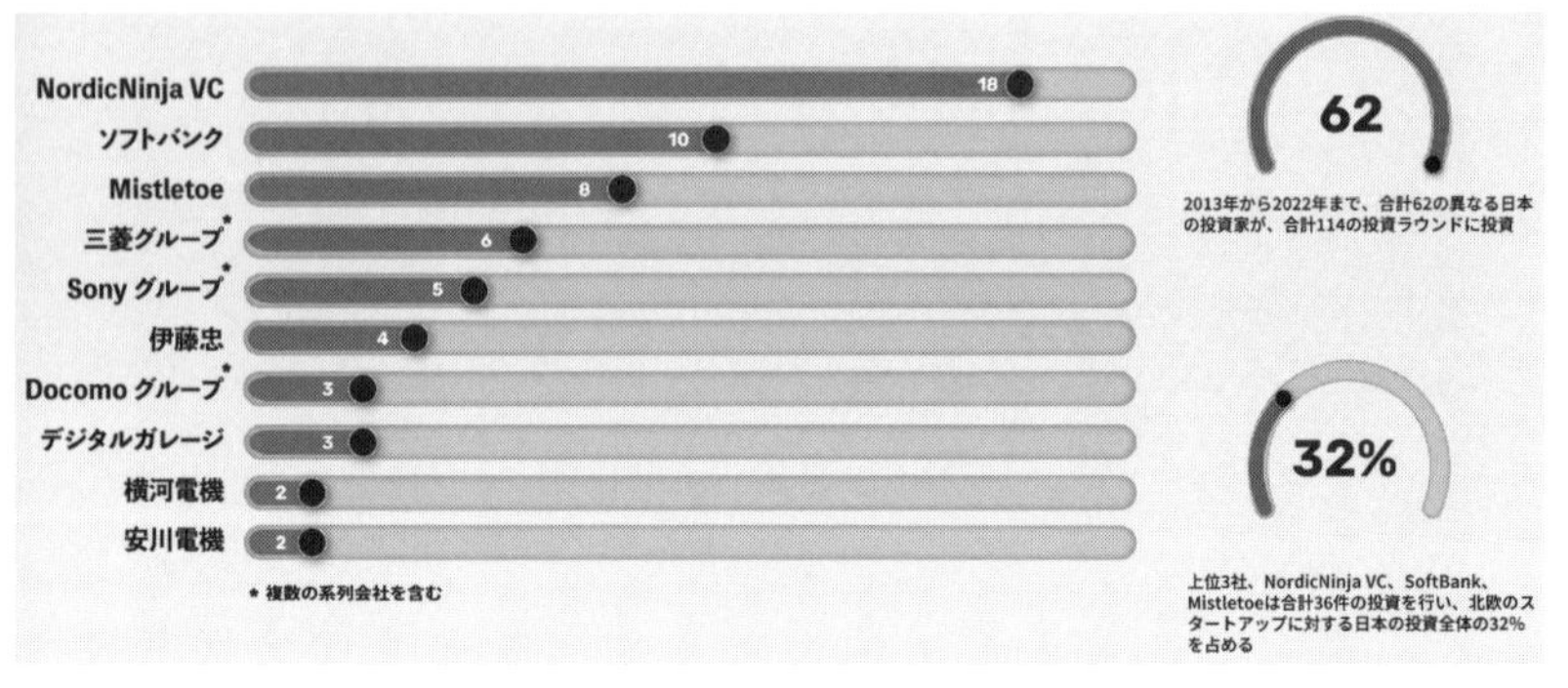

図 16　北欧のスタートアップへの投資に積極的な日本企業トップ 10（出典：NAVA）

図 17　日本企業から LP投資を受ける北欧のベンチャーキャピタル（出典：NAVA）

[5章]

ステークホルダーをつなぐハブ

スマートシティの実装には、街に関わる多くのプレイヤーの専門的な知見、多様な産業、そして市民の参加が欠かせない。一般的に、異業種や組織間を横断した共創は難しいが、北欧諸国ではそれが比較的スムーズに成立している。それは、多様な人や組織をつなぐ「ハブ」の存在があるからだ。そして、そのハブには人々の関係や活動を活性化させる工夫が埋め込まれている。

5章では、北欧のスマートシティの特徴となっているハブ、つまり人・知識・熱が集まるしくみについて、三つの視点から概観したい。一つは、行政が主導しつつ街の重要なプレイヤーが集まる産官学民連携のプラットフォーム（1節）、二つ目は人や情報が集まり交流や活動を生みだす図書館（2節）、最後に企業やNPO、大学などが主導して共創を創出しているラボ（3節）である。

社会民主主義を掲げる北欧諸国は、社会サービスを提供する行政が果たす役割が大きい。しかし、行政の関わり方はさまざまで、行政が積極的に産業界・学術界・市民を巻き込むプラットフォームを構築することもあれば、民間企業が起こすアクションの参加者となることもあるし、市民の活動をファンド等で下支えすることもある。行政が多様な立ち位置で役割を果たすと同時に、企業や市民が主体的に自由にネットワークを構築するのが、北欧のスマートシティの特徴である。

1 産官学民連携のプラットフォーム

北欧には、街に関わる産官学民のステークホルダーが連携（クアトロヘリックス）し、その連携を支援するプラットフォームが意識的に設置されている。[*1] そうしたプラットフォームでは、横の連携がしやすいように組織やコミュニティのマッチングをしたり、類似組織間のベストプラクティスを共有してスケールアップしやすくしたり、コミュニティ内のアクティビティが活性化するように支援して、スマートシティを実現に導いている。

そんな産官学民の連携プラットフォームは、北欧全域をカバーするものから、特定の国や特定の目的を支援するものまで幅広く、その規模や内容はさまざまだ。

北欧の都市をつなぐ

北欧諸国は、社会構造や政治体制が似ているせいか、国同士の連携がとても強い。ＥＵに加盟していないノルウェーを含めた北欧５カ国が団結することもよくある。地理的に近い都市の連携はもちろん、距離が離れていても課題を共にする北欧都市間のプラットフォームは、問題解決に役立つツールとして活用されている。

■ノルディック・スマートシティ・ネットワーク：北欧諸国の都市をつなぐ

北欧諸国の都市をつなぐ取り組みとして、「ノルディック・スマートシティ・ネットワーク

図1　ノルディック・スマートシティ・ネットワークに参加する21都市
（出典：Nordic Smart City Network）

（Nordic Smart City Network）」がある。このネットワークは、ノルウェー、フィンランド、デンマーク、スウェーデン、アイスランドの5カ国から首都を含めた21都市が集まり（図1）、住みやすくサステイナブルな北欧型スマートシティを模索するプラットフォームだ。国境を超えて都市同士が集まり、スマートシティのネットワークを構築しているという点が新しい。

北欧のスマートシティは、オープンデータや市民の参加を重視するなどのビジョンを掲げていることが多いが、本ネットワークも同様だ。たとえば、信頼の確保、公共益、サステイナブルな生活スタイル、共創といった、本ネットワークの参加都市が合意する北欧の価値観に基づきロードマップを作成している。ネットワークの主な活動は、ロードマップの提起やイベント・ワークショップの共同開催、各都市で実施されるプロジェクトの情報共有などだ。

メンバーとなっている各都市によって状況が多少異なるとはいえ、ベストプラクティスの共有は効率的で実行に移しやすく、相互に学べることも多い。さらに、このような都市間連携は、国際社会において北欧諸国の存在感を強化することにもつながる。

■6アイカ：フィンランドの都市をつなぐ

都市をつなぐプラットフォームは、各国内でも活用されている。ここで紹介する「6アイカ（6Aika）」はフィンランド国内の都市間連携プラットフォームである。EUとフィンランド政府が資金を拠出して、フィンランドの人口の30％を占める六つの主要都市、ヘルシンキ市、エスポー市、ヴァンター市、タンペレ市、トゥルク市、オウル市をつなぐスマートシティ・コラボレーション・プラットフォームの構築が、２０１４～20年の６カ年プロジェクトとして進められた（図２）。特に、都市課題の解決を目指し、行政・研究機関・企業・市民が連携するためのプラットフォームとして組織され、６年間で計60近くのプロジェクトが各都市で実施された（２章図12）。扱われるトピックは、環境対策やウェルビーイング、教育、産業育成など多岐にわたる。６都市が協力し都市の未来を模索したプロジェクトを実行し、そのプロセスや失敗・成功を共有することで、各都市の状況に合う形でローカライズし、ときには６都市以外の近隣都市でも展開されるなど、よりスケールアップすることが可能な枠組みであることが評価されている。

６都市で連携すれば、大きな利点がある。たとえば、６都市が協力してオープンデータのしくみづくりに関わったことで、現在、オープンデータのジョイントプラットフォームや共通インタフェースが利用され、都市の情報ポータルとして広く活用されるようになっている。さ

図２　フィンランドの６アイカに参加する６都市

らに、このプラットフォームがきっかけとなって、サーキュラーエコノミー・ハブ「サークハブ(CircHubs)」の設立や、ワークスペースの緑化の推進など、国の政策につながったケースもある。

さらに6アイカは、一度に6都市とつながることができるチャネルとして、多くの国内外企業にとって魅力的なスマートシティのアクセスポイントとなった。6アイカは、公共機関へのサービス調達の際の窓口であり、仲介者でもある。そのため、多くの企業が6アイカを通して都市課題にコンセプトの構築からコミットして取り組むことができ、ベストプラクティスが広がりやすい環境が整えられ、結果的に、産業全体の活性化にもつながっている。

6アイカの報告によると、プロジェクト期間の6年間で約4千の企業が参画し、約5千件の雇用が創出されたという。6アイカのプロジェクトの一つで、都市サービスのパイロットプロジェクトやリビングラボ(6章参照)で注目を集めるヘルシンキの「スマート・カラサタマ(Smart Kalasata-ma)」の取り組みは、他の5都市にも展開され、国外にも広く知られるようになった(2頁写真、7頁上写真、1章図12)。当初2020年に終了する予定だった6アイカのプロジェクトは、2022年の夏まで継続された。

■フューチャービルト：ノルウェーの都市をつなぐ

ノルウェーの「フューチャービルト(FutureBuilt)」は、フィンランドの6アイカ同様、ノルウェー国内の都市間をつなぐネットワークである。目標として掲げるのは気候変動に配慮した都

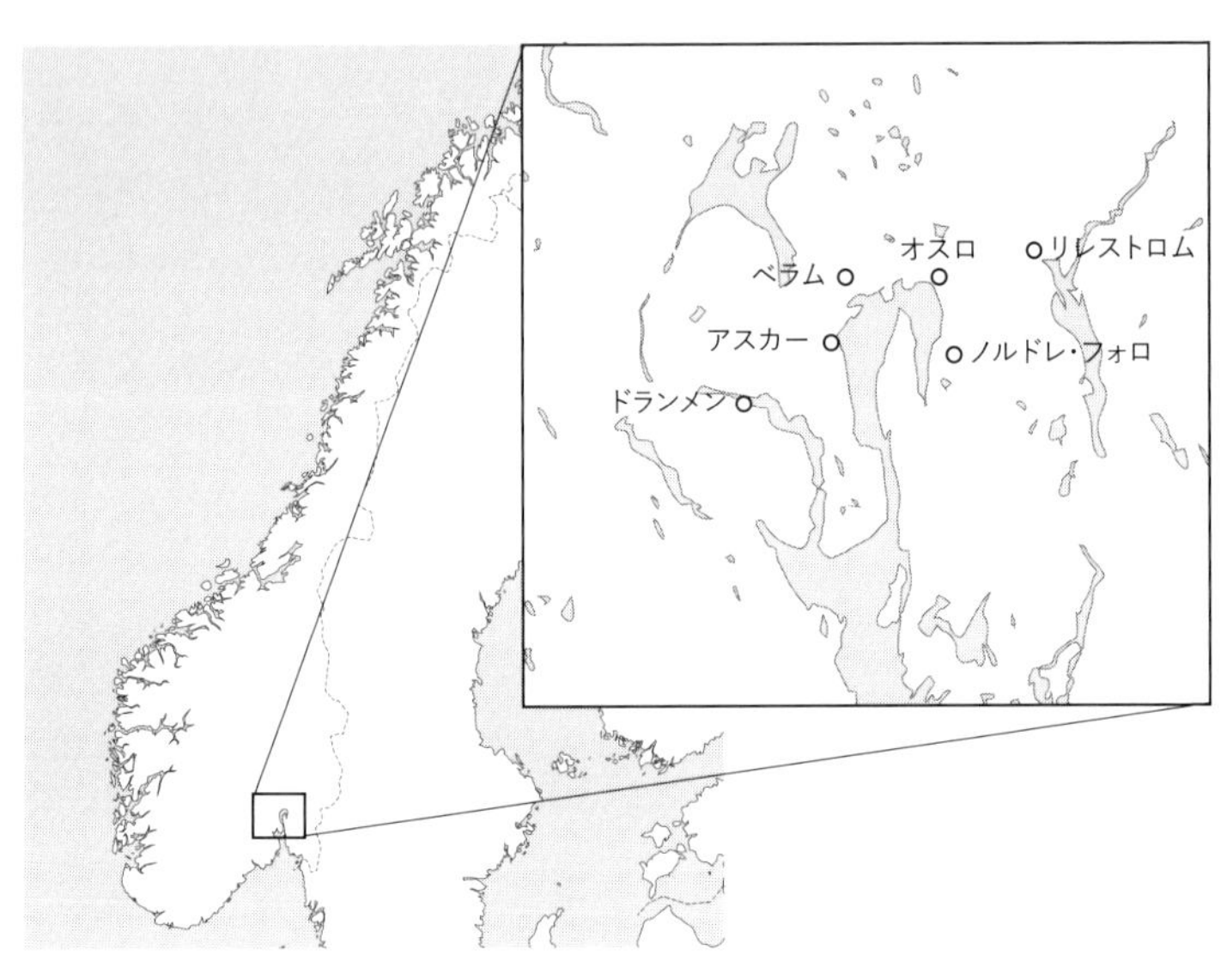

図3　ノルウェーのフューチャービルトに参加する6都市

市開発であり、オスロ市、ベラム市、アスカー市、ドランメン市、ノルドレ・フォロ市、リレストロム市の6都市が共同でプラットフォームを構築している（図3）。

フューチャービルトが掲げるビジョンは、「環境に配慮した高性能の建物をつくることで気候変動に適応した都市を建設すること」であるが、単なる建築素材や建物の性能にとどまらず、その対象はロジスティックスにまで及ぶ。具体的には、輸送・エネルギー・材料の消費による温室効果ガスの排出量を少なくとも50％削減することを目標とし、いかに都市環境をサステイナブルに保ちながら暮らすことができるかに挑戦している。

フーチャービルトでは、2021年2月までに、学校、幼稚園・保育園、オフィスビル、文化センター、住宅、サイクリングなどの重点領域を対象にした69のパイロットプロジェクトが実施された（7頁下写真）。パイロットプロジェクトを通して、企業や公的機関に持続可能な開発は可能であることを示し、これまでの慣習を変えることを狙う、非常に未来志向の戦略的ネットワークである。

特定の産業の企業をつなぐ

都市間の連携だけでなく、特定の産業の企業が連携するプラットフォームも数多く見られる。デンマークでは、医療や製薬関連の企業が集まる「メディコンバレー」（3章参照）、サステイナブルな都市開発を志向する企業が集まる「ブロックスハブ」、金融とテクノロジーをつなぐ「コペンハーゲン・フィンテックラボ」、海運とテクノロジーをつなぐ「ブルー・デンマーク」（1章参照）など多様なプラットフォームが活動中である。

■ブロックスハブ：都市環境に関わるスタートアップが集まる

「ブロックス（BLOX）」は、NPOのリアルダニア（Realdania）とコペンハーゲン市、デンマーク経済省の合同出資で設立されたデザイン・イノベーションセンターである（4頁写真、図4）。デンマークの「サステイナブルな都市開発」に取り組むプレイヤーたちが集まる、オフィス、

上：図4　デザイン・イノベーションセンターやコワーキングスペース等が入居するブロックス。デンマークのサステイナブルな都市開発の拠点である
下：図5　ブロックスハブは、交流やコラボレーションを誘発するデザインが特徴
（出典：©Rasmus Hjortshøj ／ BLOX HUB）

図6　ブロックスハブの入口には、参加企業の一覧が掲示されている

コワーキングスペース、カフェ、ショップなどの多様な機能を持つ複合施設である。そのブロックスの肝となっているのは、都市の環境課題に取り組むスタートアップが集うプラットフォーム「ブロックスハブ（BLOX HUB）」である。

　ブロックスハブはブロックスのコワーキングスペースで、開放的で交流が生まれやすい空間にデザインされている（図5）。たとえば、メンバーリストが入口に掲示されていたり（図6）、コーヒーを取りに行くときに軽いおしゃべりができるような動線が工夫されている。一方、1人で集中したいときに籠れる1人用ボックスや他人から見えにくい死角スペースなども用意されていて、仕事の種類によって働く場所を選べるデザインとなっている。

ブロックスハブは、環境に配慮した都市づくりに関わる事業をしている企業しか入居できないため、たとえ有名な企業であってもこの条件を満たすことができなければメンバーにはなれない。つまり、このプラットフォームに参加するメリットは、共通した目的を持つ企業が集まることで相互扶助ができることだろう。

ブロックスハブのメンバーになることで、もれなく、コペンハーゲンのスマートシティを促進するエコシステムの一員になれる。

まず、ブロックスハブ自体が、企業間マッチング、事業支援などのサービスを提供し、産官学民連携のプラットフォームになっている。また、イベントの開催などを通じて大企業や自治体、大学研究者が訪れることも多いため、小さなスタートアップにとっては、将来の仕事相手と出会えるまたとない環境だ。コペンハーゲン市が共同出資をしているため、市が募集する新しいプロジェクトの情報もいち早く入手でき、大学の研究者が共同研究を呼びかけてくることもある。北欧ではプロジェクトを実行する際には、産官学民で連携することが必須となっており、だからこそ、日常的に行政・企業・大学・ローカルコミュニティとのネットワークづくりが欠かせない。産官学民に広く張り巡らされたネットワークを持つブロックスハブでは、日本をはじめ海外のスタートアップも多数メンバーとなっている。

スマートシティのプレイヤーをつなぐ公的機関

社会民主主義国家である北欧諸国は、政府が先頭に立って国策として新産業の育成をしたり、投資による支援をすることも多い。たとえば、スマートシティの推進に特化した公共機関として、スウェーデンでは「スマートシティ・スウェーデン」、デンマークでは「コペンハーゲン・キャパシティ（Copenhagen Capacity）」、フィンランドでは「ヘルシンキ・パートナーズ」がそれぞれスマートシティのゲートウェイとなっている。一方、NPOがスマートシティを推進しているものとして、ノルウェーの「ノルディック・エッジ」が注目される。

北欧ではスマートシティのプレイヤーが緩くつながり、目的を同じくする者同士の交流を通してクリティカルな情報を入手し、知識を共有している。こうした交流を通してより良い投資機会や成長機会をつくろうという姿勢は、小さな国だからこそ、より必要性を増すのだろう。

■スマートシティ・スウェーデン

スウェーデンが国家プロジェクトとして立ち上げたスマートシティ推進組織に「スマートシティ・スウェーデン（Smart City Sweden）」というプラットフォームがある。サステイナブルなエリアとして注目されるストックホルムのハマルビー・ショースタット地区（Hammarby Sjöstad）に本部オフィス、国内6カ所に地域オフィスを構え、スウェーデンが目指すスマートシティの知見を取りまとめる。

スウェーデンのスマートシティへのアプローチは、いくつかの特徴がある。まず、重工業が盛んな国として、工学的なテクノロジーの活用に積極的で、技術や機械の精度に対する信頼も高い。25年前から進められている新しいテクノロジーで交通事故の死者をなくす政策「ビジョンゼロ」、リチウム電池の推進、サステイナブルな大型木造建築の推進、地域暖房や排水ネットワーク、ブロードバンドなど都市のインフラをまとめて管理するシステムなど、表からは見えない都市のインフラに不可欠な技術がスマートシティの推進に最大限活用されている。

また、こうした活動の伝え方や見せ方も実にスマートだ。スマートシティ・スウェーデンは、見えにくいスウェーデンのスマートシティの取り組みを、ツアーやベストプラクティスの共有、短編ビデオなどを通して、わかりやすく可視化する。彼らが紹介する事例は、ほぼすべてツアーとしてアレンジしてもらうことが可能で、都市の地下道ツアーやカーボンフットプリントを削減する技術でつくられた建築の訪問プログラムなどが人気が高い。コロナ禍には訪問ツアーが実施できなかったため、ヴァーチャルショールームが設置され、オンラインツアーなども企画された。

スマートシティ・スウェーデンでは環境エネルギー、モビリティ、デジタル化、サステイナブルな都市開発などの分野で視察を積極的に受け入れており、単に視察の受け入れにとどまらず、視察に訪れた団体と国際的なコラボレーションを開拓しようとしている点が興味深い。

図7　ヘルシンキ・パートナーズは、積極的にスタートアップイベントにブースを設け、マッチング事業などを実施している。写真はスラッシュにおけるイベント
(出典：©Veeti Hautanen ／ City of Helsinki)

■ヘルシンキ・パートナーズ

ヘルシンキ市が国際的な評価向上のために設立した都市PR企業「ヘルシンキ・パートナーズ（Helsinki Partners）」は、投資家や高い技能を有する人材のヘルシンキへの誘致、投資支援、国際イベントの開催支援などを積極的に実施し、ヘルシンキをベースとするスタートアップのネットワーク組織である。さらに、ヘルシンキへの投資に関心のある企業と地元企業とのマッチングサービスやオフィス設立の支援、スタートアップの起業支援、ツーリズムの活性化支援などを行っている（図7）。

ヘルシンキ・パートナーズは日本との関係も深く、ヘルシンキと日本とのビジネスネットワークを構築することを狙い、2021年には福岡市と共同でイベントを開催している。ちなみに、このイベントは、日本語と英語の2カ国語で実施され、日本とフィンランドのスタートアップやベンチャーとの協働を模索する両国の企業が参加し、福岡とヘルシンキの2都市におけるスマートシティの知見の共有が行われた。

■ノルディック・エッジ

西ノルウェーの都市スタヴァンゲルをベースとするNPO「ノルディック・エッジ（Nordic Edge）」は、企業や自治体と協力し、イノベーションプロジェクトの支援やリビングラボの運営など多くのプロジェクトに取り組む。

ノルディック・エッジが進めるのは、従来の産業構造から脱却したサステイナブルなグリーン産業の育成と支援である。その支援範囲は広く、製品やサービスの開発・評価から、資金調達、メンタリング、マッチメイキングやネットワーキング機会の提供など15種類のプログラムを用意し、コワーキングスペースなども運営する。ノルウェー各地に立地する、エネルギーやドローン、自動運転などを対象としたリビングラボへのアクセスや海外進出の手助けも行っており、スタートアップ支援のエコシステムを軸に、国際競争力の向上を狙っている。ネットワーキングや学習の機会として、広く国内外から参加者が集まるエキスポやカンファレンスも毎年開催している。

2 交流や参画を促す新しい図書館

北欧の図書館は、単なる本の貸し出しの場から、人々が必要とする情報を提供し、さまざまなアクティビティを展開する場となっている。多くの市民が利用することで、交流や文化を育むハブとなり、街の拠点として重要な役割を果たしているのだ。

今や図書館は、学校やボランティアセンター、高齢者団体などと連携し、インフォーマルな学習支援の場として活用されるようになっている。地域によっては、免許証やパスポートの発行などの住民サービスが提供されたり、保健管理士、歯科衛生士、助産師などを常駐させ無料の健康相談が行われたりもする。さらに、メイカースペースや美術館が併設されることもあれば、館内で展覧会や音楽会が開かれることもある。

北欧の図書館では、子連れの家族や車椅子で移動する人など、利用者たちが皆自宅にいるかのように寛いでいるので、その姿を見て日本人は驚くかもしれない。そして、外国人であっても、なぜか気軽に話しかけられることもあり戸惑ってしまうかもしれない。でもそれこそが、北欧の図書館の本質であり、まさに意図された風景そのものなのである。

コペンハーゲン中央図書館

「コペンハーゲン中央図書館（Copenhagen Central Library）」は、１８８５年に開館した歴史ある図書館だが、現在はデジタル化を積極的に進め、図書館としての元来の役割を超えて、市民や行政と連携し、子供や市民の教育機関として機能することを目指して進化し続けている（図８）。

コペンハーゲン市が運営する図書館の歴史は、１８８５年まで遡ることができる。当時は、デンマーク王立図書館と大学図書館が知の殿堂として知られていたが、一般市民が気軽に本を手に取って知識を得る場所は限定されていた。市民が本にアクセスできる場所として、当時、文化の先進地であったパリやベルリンを参考に、市営の公共図書館が整備されることになった。その一つが中央図書館である。市全域に6軒の図書館と2軒の読書室が設置されたことから始まった市営図書館群は、現在では、中央図書館および地域の20館からなるネットワークを構成している。

市民のための図書館とはいえ、開設当時は、市民が利用するには大いに制約があった。16歳以上であること、貸し出しは1冊のみ、そして利用料として月額15オーレ（約2・5円）を支払わなくてはならなかった。その後、１９１３年に図書館制度が改革され、すべての市民が図書館にアクセスできるようになった。１９４７年にはサービスが拡充され、高齢者や障害者など自分で図書館にアクセスできない人たちのために、図書館側からアプローチする試みも進められるようになった。

１９５７年には、中央図書館は現在の場所に移り、５６１０㎡の広さを誇る北欧初の総合図書館

図８　コペンハーゲン中央図書館。
開放的なエントランス（上）、人々の多様な居方を可能にする設え（下）

図9　コペンハーゲン中央図書館の副館長（2017年当時）のサンネ・カフト氏（右）、スペシャルコンサルタント（2018年当時）のミケル・クリストファーセン氏（左）

としてオープンした。吹き抜けの広がる開放的な図書館では、勉強する人、本を読む人、また寒い時期に暖を取るために利用する人もいたという。その頃から、コペンハーゲン中央図書館は、民主主義を体現する場所として、そして文化を育む場所として大きな役割を果たしてきた。

このような歴史を持つ中央図書館は、２０１０年頃に大きな変革期を迎えることになる。蔵書が増加する一方で、利用者の減少は顕著だったからだ。デンマーク国内では、国民の国語力の低下が指摘され、特に若者が本を読まなくなっていることが問題視されていた。人が本を読む習慣は4歳までに形成されるという研究結果も公表され、図書館の役割が改めて問い直される契機となった。

２０１４～19年に新しい図書館の計画が検討され、新時代の図書館像を模索するプロジェクトが次々に実施された。プロジェクトでは、インタビューや統計データといった定量・定性データに基づき、利用者や関係者からの意見が集められ、新時代の図書館像について議論された。そこから抽出されたのは、図書館は、単に本を蓄積し貸し出す場所という今までの役割から離れ、生涯学習の場としての役割が鍵になるということだ。つまり、図書館は、人々がさまざまな情報を得て学習し、活動するための場所になると定義された。

この新しい図書館の定義を基盤に、積極的に文化イベントが開催され、ボランティアが教師役となりIT機器の使い方を教えるITカフェや図書館に所蔵されている本の著者との対話会などが実施されるようになった。副館長（2017年当時）のサンネ・カフト氏の言葉を借りれば、「図書館は本を貸し出す場所から関係性を生みだす場所に変わった」と言う（図9）。

現在、中央図書館は年間400万人が訪れ、市内で最も多くの文化イベントが実施されている（13頁写真）。さらに、利用者がいろいろなことを試せるリビングラボ（6章参照）としても機能している。蔵書数は減少し、図書を含めた文化的コンテンツはデジタル化されて使いやすいようにカタログ化されている。以前は本や検索カードなどが所狭しと置かれていたエリアは、展示空間として活用されるようになった。既存の図書館エリアは、読書や勉強、仕事に集中できる環境が確保されていると同時に、文化的活動をしやすいスペースとしても整備されている。

このように変貌を遂げた図書館の競合は、カフト氏言わく「もはや本屋ではなくNetflix」なのだそうだ。

オーフス中央図書館ドッケン

「ドッケン（DOKK1）」は、デンマーク第二の都市オーフスの中央図書館で、北欧最大の公立図書館である（図10）。行政の市民サービス窓口やメイカースペースが併設され、ワークショップやボードゲーム大会などのイベントも多数開催されており、市民が日常的に利用している。

ドッケンは、その成り立ちからユニークである。図書館を新設するにあたり、オーフス市は13年にわたり、「新しい図書館」の姿を描くべく、地域の子供や大人、移民や障害者など多様な市民たちとの対話を進めた。市民が対話を通して新しい図書館のビジョンを描きデザインしたことで、「自分たちの図書館」という感覚が市民に醸成され、現在の積極的な活用につながっている。

２０１５年のオープン後は、ＮＰＯなど外部組織と連携して、宿題支援・健康相談・ビジネスサポートなどの各種サービスが提供されており、イベントも随時開催されている。そして、それらのイベントでは、市民がさまざまな形で運営に関わっている。

ドッケンは、オーフス市の人口30万人に対して、開館4カ月で50万人が来館したことでも話題になった。さらに、２０１６年には国際図書館連盟（ＩＦＬＡ）が毎年選出する「最も注目される公共図書館（Public Library of the Year）」に選ばれるなど、専門家の間でも評価が高い。２０２１年現在も、ドッケンを見るためにオーフスを訪問する人もいると言われるほどの人気を誇り、１日約5千人の市民が集う場所になっている。

図 10　オーフス中央図書館ドッケン。アクティビティルームで開催されるカードボードのワークショップ（下）（出典：上／©Adam Mørk ／ DOKK1、下／©Benjamin Pomerleau ／ DOKK1）

ヘルシンキ中央図書館オーディ

2018年に開館した「ヘルシンキ中央図書館オーディ(Oodi)」は、ヘルシンキ中心部に立地し、市民にとって街のリビングルームとなっている(12頁上写真、図11)。フィンランドで最も革新的な公共施設として評価されるこの図書館は、世界一読書量が多いと言われる同国の公共図書館としての役割だけでなく、子供の遊び場、文化・メディアのハブとしても機能し、録音スタジオ、映画館、ホール、現代美術館、カフェ、レストランも併設している。さまざまな機能を提供することで、オーディは、文化を消費する場所ではなく、文化を生みだす図書館であることを目指している。

子供連れの家族が過ごせる空間ではさまざまなアクティビティが開催され、併設されているミシンや3Dプリンターを備えたメイカースペースでは、多種多様なツールや機器が貸し出されている。オーディは、1人で知を深める場所というよりは、さまざまな人やモノやコトのインタラクションを通して、イノベーションを共創する場所なのだ。1人になれるスペースはたくさんあるものの、読書エリアでも自然と交流が生まれるデザインが施されている。どう見てもフィンランド人には見えない筆者(安岡)が、なぜか何度も話しかけられた場所でもある。

オーディも、ドッケンと同様に市民参加で計画が進められたプロジェクトとして注目されてきた。ワークショップを実施し、市民や多様な分野の専門家を招き、新しい図書館のコンセプトやデザインをつくりあげていった。ワークショップに参加した市民は、若者から子供連れの家族など幅

図 11　ヘルシンキ中央図書館オーディ。2 階の開放的な閲覧室（上）、1 階にあるメイカースペース（下）（出典：下／©Jonna Pennanen ／ Oodi）

広い年齢層に及び、専門家も、建築家や市の職員、図書館職員だけでなく、保育士や発達心理学者なども含まれていたという。このように、つくり方も使い方も市民主導で進められている点がオーディの新しさなのだ。

オスロ中央図書館ダイクマン・ビヨルビカ

2020年に開館した「オスロ中央図書館ダイクマン・ビヨルビカ（Deichman Bjørvika）」は、オスロ中央駅やオペラハウスに隣接するロケーションの良い場所にある（12頁下写真、図12）。45万冊の蔵書やマルチメディアコレクションも充実しているが、他の北欧の図書館と同様、市民の集まる場所として、映画館、音楽ルーム、3Dプリンターやミシンなどが装備されたメイカースペース、メディアルーム、ゲームルームなどがあり、ラウンジやカフェ、レストランも併設している。図書館では、レクチャーや読書会、子供のアクティビティなどが実施されているが、市民はもっと主体的に図書館を楽しむこともできる。たとえば音楽ルームでは楽器未経験者であっても備え付けの楽器の使い方ビデオを見ながら演奏を体験でき、ゲームルームにはインタラクティブなゲーム機が設置されており、メディアルームではポッドキャストの制作ができる。

ルンドヘーン（Lundhagem）とアトリエ・オスロ（Atelier Oslo）の二つの建築設計事務所が2009年にコンペを勝ち取り建設されたダイクマン・ビヨルビカは、まさに未来の図書館だ。建

左頁：図12　オスロ中央図書館ダイクマン・ビヨルビカ。開放的な5階の読書エリア（上）、最上階では対岸のフィヨルドを望める（下）（出典：下／©Erik Thallaugh ／ Deichman Bjørvika）

物は、エネルギー消費を抑えた環境性能の高い設計となっており、利用者がのんびり読書を楽しんだり、仕事に集中したり、インスピレーションを得たり、アクティビティを楽しんだり、それぞれの目的に応じて利用できる場所としてデザインされている。各フロアを貫く吹き抜けの空間によって開放性を演出し、ガラス窓で囲まれた最上階のスペースからは対岸にフィヨルドを望め、屋内と屋外がシームレスにつながり、訪問者をまるで自然の中にいるかのような気分にさせる。

北欧で新しくつくられる図書館は、本を読むための静かな場所という従来の図書館のイメージを大きく変化させた。人々が会話を楽しみ、子供が遊び回り、イベントが常に開催され、新しい知の交流を求めて人々が日常的に利用する図書館は、皆が無意識に足を運んでしまう公園のような場所なのかもしれない。

3 イノベーションを創発するラボ

北欧の都市では、街中にさまざまな「ラボ」が開設され、学生、クリエイター、起業家、企業、自治体など多様な人々が出入りし、交流や実験の場となっている。ここでは、大学やＮＰＯが運営する「ファブラボ」、企業が自社の事業にイノベーションを起こすために運営する「ビジネスイ

1 ECOLOGICAL（環境に配慮する）
2 INCLUSIVE（包括的である）
3 GLOCALISM（世界と地域の両方の視野を持つ）
4 PARTICIPATORY（誰でも参加できる）
5 ECONOMIC GROWTH & EMPLOYMENT（経済の成長と雇用の創出）
6 LOCALLY PRODUCTIVE（地域に生産力がある）
7 PEOPLE-CENTRED（テクノロジーよりも人を中心とする）
8 HOLISTIC（全体的である）
9 OPEN SOURCE PHILOSOPHY（オープンソースを志向する）
10 EXPERIMENTAL（実験的である）

図13 ファブシティ・マニフェストに掲げられた10の原則（出典：田中浩也、渡辺ゆうか「デジタルファブリケーションとSDGs：ファブシティ概念を中心として」『Keio SFC Journal』vol.19、no.1、2019年をもとに作成）

ノベーション・ラボ」を紹介する。多様な人材が集まるこうしたラボの存在が、スマートシティをボトムアップで支えている。

ファブラボ

ファブラボ（FabLab）やメイカーズ（Makers）の文化は、アメリカのハッカー文化、欧州のハックラボなどを起源とする。たとえば、ドイツ・ベルリンに拠点を置くカオス・コンピュータ・クラブは30年の歴史を持ち、欧州ハッカーとしての倫理観をベースに、情報の自由と個人のプライバシーを守る活動を行ってきた。

２００２年にアメリカ・ボストンで生まれたファブラボは多様な工作機械を備えた、市民が自由に参加できる実験工房のネットワークで、２０２１年現在、１２７カ国に２０２６のラボが存在すると言われる。ファブラボは、大学などの研究機関や地域のコミュニティセンター、文化施設に併設されていたり、個人やＮＰＯが立ち上げたものなど、その運営形態はさまざまだ。

当初、ファブラボやメイカーズの動きは、個人のものづくりや企業の製品開発の文脈で語られてきたが、近年、住民参加型の新たな都市デザインの社会実装拠点として再定義されるようになった。[*2] テクノロジーをツールに市民が当事者として街をつくる活動は「ファブシティ」と呼ばれている。日本のファブラボの先駆者である田中浩也氏、渡辺ゆうか氏は、「ファブシティ・マニフェスト」に掲げられた10の原則を図13のように紹介している。

ファブシティ・マニフェストは、市民が一緒に新しいものをつくりだすというマインドに必要な条件を示しており、6章で紹介する「リビングラボ・マニフェスト」（6章図4参照）とも親和性が高い。

■ファブラボＲＵＣ：大学が運営するラボ

筆者（安岡）の所属するロスキレ大学（ＲＵＣ）に設立された「ファブラボＲＵＣ（FabLab RUC、Roskilde University）」は、デンマークのシェラン半島北部エリア最大の大学ファブラボだ（図14）。コペンハーゲンに２００７年に大型中古船をリノベーションしてオープンしたメイカースペースで、アーティストや起業家、クリエイターにプロジェクトベースで開放している「イルトロン（Illutron）」の創立メンバーの１人がファブラボＲＵＣを運営する。ちなみに、このイルトロンは、アメリカ・ネバダ州の砂漠で毎年実施される現代ヒッピーたちとＩＴ業界の大物が集うアートと音楽のイベント「バーニングマン」に刺激を受けて立ち上げられたものだ。

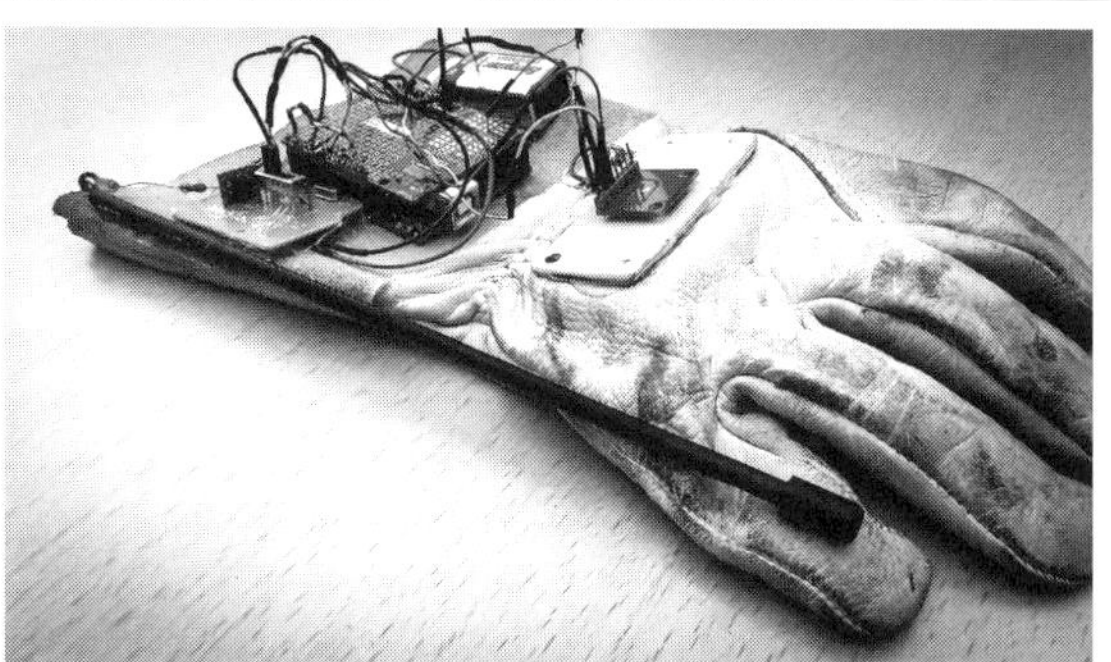

図 14　ロスキレ大学のファブラボは、学生のグループワークで活用される。左下の写真は学生が試作したセンシンググローブ。試作品は大学構内で実験されることもある（右下）
（出典：FabLab RUC）

ファブラボＲＵＣは、短期間で試作品を製造するラピッド・プロトタイピングを目的としたオープンラボとして知られ、大学関係者だけでなく市民やスタートアップなどにも広く開放しているところが特徴だ。利用できる素材は、木材、プラスチック、金属、テキスタイル、植物など多岐にわたり、それぞれの素材を扱うのに必要な機器も多数取り揃えている。ファブラボＲＵＣには、木工や電気系の工房のほかに、近年はバイオラボやフードラボも加わり、利用者の関心の広がりを反映している。

ロスキレ大学は、「自ら主体的に学ぶ」ことを実践するアクティブ・ラーニング（6章参照）の創始とされる大学の一つで、授業と並行して進められるグループ・プロジェクトが教育の半分を占める。そのような特徴を持つロスキレ大学では、ファブラボも積極的に活用されており、メンターが常駐し、レーザーカッターなどの機械の使い方からプロジェクトへのアドバイスまで、利用者に対して丁寧に個人指導を行うなど、教育的な要素が強いファブラボになっている。

筆者（安岡）が指導を受け持つ学生のプロジェクトにおいてもファブラボＲＵＣをよく利用してきた。学生たちは、認知症の高齢者に家の方向を示すアプリや、盲目の人の散歩支援アプリ、構内を掃除して回るロボットなど、各自が取り組むプロジェクトを、ファブラボＲＵＣのメンターの協力を得て半年間で完成させる。今まで大型機械や3Ｄプログラミングソフトを使ったことのなかった学生が、荒削りだが自分たちのモヤモヤしたアイデアを実物に落とし込み、最終的にツールやロボットに収束させるプロセスは、学生にとっても教員にとってもやりがいのあるものだ。

さらに、ファブラボＲＵＣは学内外に開放されているため、大学の枠を超えた活用も進んでいる。たとえば、ロスキレ大学の近くでは、世界的にも有名な野外音楽フェス「ロスキレ・フェスティバル」（6章参照）が毎年6月に開催されるが、この時期はファブラボＲＵＣも忙しくなる。フェスの期間中（1週間）は、多くの観客がキャンプをして共に過ごし、学生のプロジェクトやスタートアップのテストプロジェクトが実施される（6章図5）。これまでにも、少額決済アプリや、フェスでテントを設置するキャンプエリアの予約アプリ、太陽光発電を使った照明、水を循環させて再利用するトイレなどの試作がお披露目され、なかには製品化されたものもある。

■ウナブローエン（橋の下工房）：ＮＰＯが運営するラボ

コペンハーゲンのブロックスの近く、ランゲ橋のたもとに、２０１６年、「ウナブローエン（Underbroen）」（橋の下工房）がオープンした（図15）。３６５日24時間、Ａ１サイズのレーザーカッター、２ｍサイズのＣＮＣルーター、３Ｄプリンター、各種木工機械、溶接機械、シルクスクリーン、プラスチックリサイクル装置が使え、さまざまな素材も用意されているとあって、スタートアップやアーティスト、学生など、ものづくりに関心のある人たちや起業家が集う場所になっている。橋の下の土地の所有者であるコペンハーゲン市から安価で借り、周辺に居住者も少ないことから、多少の騒音は気にせず夜遅くまで作業ができるのも魅力だ。

２０１６年の設立当時は、同じくものづくりを支援する企業ベータ・ファクトリー（Betafacto-

図15　コペンハーゲンのランゲ橋のたもとに立つウナブローエン。運営を担うNPO、メイカーのマネージング・ディレクターのマルテ・ヤンセン氏（下）

ry）との協力体制のもと運営されていたが、近年、NPOのメイカー（Maker）が運営を一手に担うことになった。メイカーは、3名のフルタイム職員と2名のパートタイマーの起業家たち、そしてプロジェクトのコンセプトによってさまざまなマテリアルの専門家が加わるメンバーで構成されている。協賛企業には、目の前に立地するブロックスハブ、建築設計事務所3XNの研究開発部門GXN、シスコシステムズ（アメリカ）などが名を連ねる。

ウナブローエンは都市づくりに特化した活動をしているわけではないが、そのロケーションも手伝い、ファブの活動が街への新しい取り組みにつながることも多い。たとえば、市内のネズミ駆除に頭を悩ませていた市の職員は、ウナブローエンの仲介でセンサーをつくるスタートアップを紹介され、ネズミ退治の安価なローテクボックスを制作し、ネズミ対策に一石を投じたのだそうだ。

メイカーの経営の3本柱は、メンバーへのワークショップの実施、コペンハーゲン・メイカーズ・フェスティバルの主催、口コミで広がる企業との協働プロジェクトである。これまでに開催されたワークショップとしては、プラスチックのリサイクルをテーマにした企業プロジェクトや、アーティストを招聘したマテリアル利用のワークショップ、大手企業と連携したハッカソン（ITエンジニアやデザイナーなどが集まってチームをつくり、決められた期間で製品やサービスを開発し、その成果を競いあうイベント）など、多くの企画が開催されている。

企業や自治体との協働プロジェクトには、音響機器メーカーのバング&オルフセン社（Bang & Olufsen）やコペンハーゲン市、建築事務所などが名を連ねる。建築事務所GXNとは、EUのプロジェクトを共に実施し、サーキュラーエコノミーをテーマにしたオープンソースデザイン、モジュール建築に関するプロジェクトを行っている。ときにはこうした企業や自治体との協働プロジェクトの一環として、一般の参加者を募ってリサイクルキャンプなどを実施することもあるという。

課題の解決策やヒントを求め、企業や自治体やスタートアップが頻繁に出入りし、学生や若者も気軽に立ち寄れるウナブローエンは、少人数でも持続的に刺激を受けられるコミュニティを形成している。自然発生的に生まれたコミュニティは、常に新しいメンバーが加入し、成長したスタートアップが卒業するという新陳代謝を繰り返す。

橋の下という、通常のオフィスには使いにくい場所を逆手にとり、都心というロケーションも手伝って多様な人々が緩く集まりイノベーションを創発しやすい環境として最大限に活用されている。

ビジネスイノベーション・ラボ

企業が自社の枠を超えて、これまでとは異なる価値を創造するために立ち上げるビジネスイノベーション・ラボが増えている。最終的な目標は、自社事業の成長であったとしても、特定の産業分野にこだわらず、広く門戸を開放し、多様な企業や人々とアクティビティを生みだしている。

■スペース10：ＩＫＥＡが運営する未来ラボ

2015年にコペンハーゲンに開設されたIKEAの「スペース10（SPACE10）」は、「ネクスト・リビングラボ」というコンセプトを掲げ、サステイナブルなライフスタイルをデザインすることをミッションとしている（図16）。IKEAから独立した外部ユニットであり、コアビジネスとは一線を画した形で、価値創造の活動を行う点が特徴だ。先進的な試みを実験できる場所として世界的に注目されていることもあり、世界各地からテクノロジーとデザインに長けたインターンが集まるイノベーション・ハブとなっている。

スペース10は、旧食肉工場エリアにある家畜解体工場跡地につくられた。元工場を転用したということもあり、水回りが整い、さまざまなイベントもしやすい。地下にはファブラボもあり、木材や鉄、新素材が揃い、クイック&ダーティの実験に取り組むことができる。IKEAの未来工房という位置づけであるが、外部とのパートナーシップをベースに3カ月程度のプロジェクトが実施されることが多い。2019年には食の未来に関するプロジェクトが進められ、その頃のスペース10のラボスペースには、食やフード系IT関連の成果が展示されていた。

スペース10で実施されるプロジェクトのほとんどが非公開だが、プロジェクト終了後、調査・実験結果は冊子にまとめられ、その一部が活動報告として展示されたり、報告会が行われることも多く、一般の人々も参加できる。そのほかにも外部の組織を誘致した講演会や食事会、上映会が定期的に開催され、この場の周知や参加者の交流の機会となっている。

SPACE10
SPACE10

IMAGINE

Growstack

■ＡＬ2：銀行が運営する若者ラボ

「ＡＬ2」は、ミレニアル世代（１９８1年以降に生まれ、２０００年以降に成人を迎えた世代）へのサービスをトライアル型で進めるデンマークのＡＬ銀行（Arbejderens Landsbank）が設立したリビングラボ（6章参照）である（図17）。アクセスしやすい公共交通機関の基幹駅（ノアポート）の近くにあり、1階はカフェ、2階がカフェのソファー席兼ラボスペースになっている。長時間にわたるプロジェクトワークがしやすいように、コンセントなどもあちこちに配置され、利用者は自由にWi-Fiを使うことができる。ラボには、作業がしやすいテーブル席から議論を誘発するソファー席まで整えられ、奥にはワークショップができる広めのスペースも用意されている。

ＡＬ2では、ミレニアル世代を魅了する多様なワークショップやイベントが実施されている。たとえば、金融には関係のないインスタグラムの写真講座やポッドキャスト講座から、国が学生を支援する返済不要の奨学金（ＳＵ）に関するレクチャーや金融の基礎的な知識を提供する講座まで、多岐にわたる。この場所の運営の柱は、金融の未来を担うミレニアル世代の集客であるが、彼らに自社の銀行口座の開設を勧誘するといった営業活動が行われていない点も興味深い。

友人と気軽に立ち寄りやすいロケーションに立地していること、そして共同作業がしやすい環境をつくりだしていることで、2階のラボスペースはいつも若い世代で混雑している。そこには、カジュアルにミレニアル世代の志向にアプローチする仕掛けがあちこちに張り巡らされている。

右頁：図16　コペンハーゲンの旧食肉工場エリアに開設されたスペース10。地下のファブラボ（中）、食の未来に関するプロジェクトの展示（下右）、「未来の住まい方」に関するプロジェクト（2019年）の冊子（下左）

図 17　AL銀行が運営するリビングラボ、AL2。1 階に入居するカフェ（下）

［6章］共創をデザインするリビングラボ

Nordic Smart City

1章で、北欧諸国は住みたい・訪れたいと思える街の魅力を磨いてきたと述べたが、それには、多様性のある街であることが欠かせない。では、「どうすれば、多様性のある街にすることができるだろうか?」。この問いへのシンプルな回答は、「多くの異なる価値観を持つ人々の視点や意見を取り入れるしくみをつくること」だ。6章では、多様性のある街にするために北欧で採用されている「参加型デザイン」(1節)、そして現代社会が抱える複雑かつ不確実性の高い社会課題へのアプローチの一つである「リビングラボ」(2、3節)という手法について紹介する。

北欧で70年代から模索されてきた「参加型デザイン」は、元は情報システムの設計手法であるが、今ではワークショップなどを通じてまちづくりやサービス・製品開発の分野でも活用されている。一方、リビングラボは、参加型デザインのコンセプトに基づいた社会実験手法の一つである。専門分野に特化した課題だけでなく、より広範な人々に関わる社会課題を解決する際に、こうした長期的視点で多様な人々の参加を促進する手法が注目を浴びるようになった。

さらに本章では、筆者らが参加型デザインやリビングラボを下支えしていると考える、北欧に根づく共創を促進する社会システム(4節)やアクティブラーニング(5節)についても紹介したい。

1 参加型デザイン

図1　筆者が関わった参加型デザインの風景。高齢者を対象にしたIT支援システムプロジェクト

参加型デザイン[*1]とは、当事者をはじめとしたステークホルダーが、製品やサービスの設計初期の段階からデザイン活動に参加することだ。従来は、プロのデザイナーがコンセプトを立ち上げ、プログラマーが設計図を描き、製品やサービスとしてつくりこむことが大半で、ユーザーはそのデザインプロセスには参加しなかった。このように当事者が関わらずにデザインされたものは、往々にして現場では使いにくい。

一方、参加型デザインは、デザイナーやプログラマーだけでなく、さまざまなステークホルダーが当事者の一員としてコミットすることを重視する手法である（図1）。システム開発であれば、経営者やマーケティング部門などの関与も必要であるし、なによりもユーザーが参加することが重要である。参加型デザインが適用される分野は、情報システム、製品開発といった有形のものから、政策やモビリティサービスといった無形のものまで幅広い。

参加型デザインの歴史

北欧における参加型デザインの起源は、1960〜70年代の職場のオートメーション化が契機となっているとされる。当時、さまざまな労働の現場にオートメーションシステムが導入されるようになり、自分の仕事が奪われてしまうという恐れを抱いた労働者の反発が各地で起こった。たとえば、新聞社や雑誌社には、活版印刷用の文字組みをするスタッフが雇用されていたが、ＤＴＰやデジタル製版に移行して彼らの仕事が消滅した。多くの工場労働者も機械化によって仕事を失った。この当時の状況は、現在、ＡＩが人間の労働を奪うのではないかと懸念されている状況によく似ている。その当時、労働者たちは、雇用者が自分たちのことを何も理解せず、トップダウンで一方的に機械化を導入し、その機械を毎日使うことになる現場の意思を尊重していないと不満を抱いていた。このような現場からの反発は、連日各地でストライキやデモを引き起こした。

そこに登場したのが、職場の機械化やオートメーション化の一翼を担っていたコンピュータの専門家たちである。専門家たちは、現場で働く労働者たちの仕事を支えるような機械化やオートメーション化はどのように実現できるかを真摯に考え、労働者と連携して理想的なオートメーション化の姿を模索するようになった。専門家たちは、現場に赴き、労働者たちの行為を観察したり、インタビューを通して、仕事の現場における情報の流れや知識の把握、人や組織のダイナミクス（行動力学）の理解に努めた。現場で働く労働者たちは、自分たちが仕事をしやすい機械化のあり方を模索し、コンピュータの専門家との協働を通して、理想的な現場づくりに主体的に取り組んだ。そこから生まれたのが、組織づくりのプロセスや現場の人たちの働き方を考慮した、現場にフィットする機械化であり、ＩＴシステムである。こうして北欧の人たちは、自分たちが使うシステム設計において、「使う私たち」の意見が反映されるのは当然である、と考えるようになった。

多くの参加型デザインの経験から、製品やサービスの開発担当者が学んだのは、多様なステークホルダーに参加してもらうことは、多くの利点があるということだ。*2 知識や経験値の高いユーザーを巻き込むことで、ユーザビリティに優れたデザインを提供することができ、最終的に自社の収益が上がる。ただ、北欧の参加型デザインで最も注目されたのは、単なるユーザビリティの向上だけでなく、協働する人たちの間で相互理解が深まること、また長期的な参加により当事者の意識が変容することで、これが北米の参加型デザインと大きく異なる。たとえば、普段はいがみあっている管理職と労働者は、互いの意見に賛成はしかねても、参加型デザインを通して、異なる考え方を知り、双方の判断理由には納得がいくと認識するかもしれない。労働者は、初めは機械化の導入に反対していても、試してみるうちに自分の仕事が楽になることに気づき、意見を変えるかもしれない。

参加型デザインのメソッド

では、参加型デザインをどのように実践していけばいいのか。これまで多くの参加型デザインの研究者がメソッドを提唱してきた。筆者（安岡）が最も注目しているのは、「MUSTメソッド」そして「SL7」である。両者ともに社会性の強い情報システム構築の初期デザインで活用される参加型メソッドであり、これらの社会性を配慮したシステム開発メソッドは、北欧では、つくっても使われないシステムや予算超過の要因を減らすために不可欠であると認識されている。

MUSTメソッドは、80年代にデンマークのロスキレ大学のイェスパー・シモンセンら3名の研究者が提唱したフィージビリティ・スタディ「実現可能性調査」である。[*3] SL7は、コペンハーゲンIT大学のセーアン・ラウリッツセン教授により提唱されたシステム要求仕様のテンプレートで、そのテンプレートを使うと自然と参加型になるしくみが埋め込まれている。両者ともに、コンピュータ・サイエンスの教育で教えられ、また公共機関や民間企業のIT開発といったプロジェクトの現場でも利用されている。

北欧では、参加型デザインは社会運動的要素も帯びて発展し、また、民主主義・平等・エンパワーメントや主体性・当事者意識（コミットメント）などの視点からも注目されてきた。だから「参加型デザイン」という言葉の背景には、政治的な意味あいがどうしてもつきまとう。そのため、近年は、もっと「一緒につくる」ことにフォーカスした「共創デザイン（Co-Design）」という言葉が使われることもある。北欧の参加型デザインは、多様性を確保し最適解を求める手法として、情報システムから他分野へ、そしてまちづくりや社会全体の課題に対して活用されるようになっている。

2 リビングラボ

参加型デザインの一つで、90年代頃から注目されるようになったアプローチの一つに「リビングラボ（Living Lab）」がある。リビングラボとは、「日常生活（Living）の中の実験室（Lab）」を意味し、多様なステークホルダーが集い、社会に新たな価値を生みだすしくみを指す。いろいろな社会の制約を取り除いて行う実験室の実験ではなく、さまざまな社会の制約がそのまま持ち込まれる日常生活の場を「実験室＝ラボ」と見立てる点が最大の特徴で、今や北欧ではさまざまな分野で活用されている。

リビングラボの定義

ちなみに、この少し曖昧な概念について、多くの研究者がそれぞれ定義を提唱しているが、いまだにリビングラボの定義は定まっていない。これは、どの立ち位置からリビングラボを捉えるかでその役割や目的が少しずつ異なるからである。そのため、リビングラボは異なるコミュニティやシステム間の境界（バウンダリー）に存在し、多様な関係者をつなぎ境界を越えて関係性を創発する媒介＝バウンダリー・オブジェクトとして有効だと言える。[*4] 実際にどんな領域でリビングラボが活用されているかを見てみると、イノベーションネットワーク、コミュニティネットワーク、エコシステムなどと親和性が高く、まさにバウンダリー・オブジェクトとして機能していることがわかる（図2）。

多様な解釈が存在するが、本書においては、リビングラボについて、次のように定義したい。

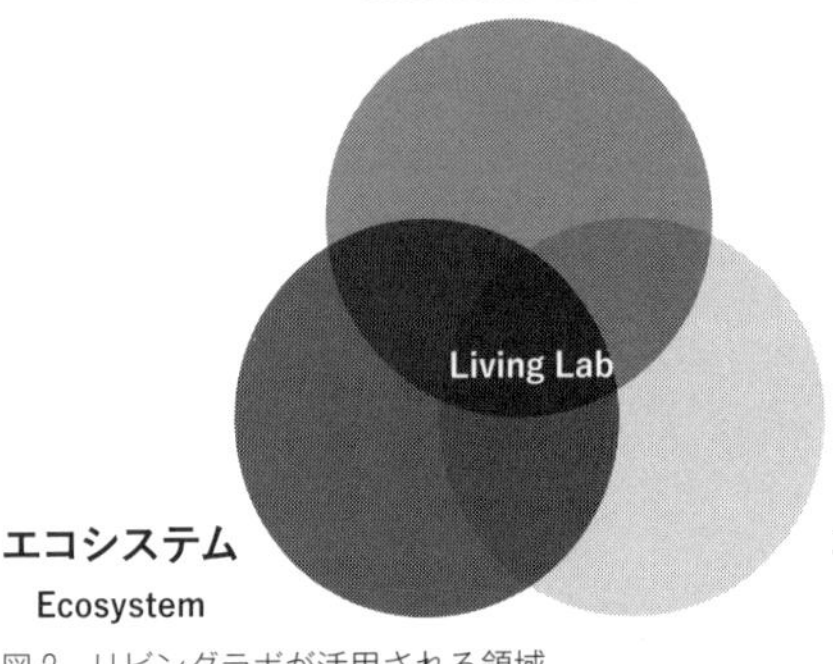

図2　リビングラボが活用される領域

「多様な関係者が参加する場で、最先端の知見やノウハウ・技術を持ち寄り、オープンイノベーションやソーシャルイノベーションを通して社会問題を解決し、長期的視点で地域経済・社会の活性化を推進していくためのしくみ」[*5]

この定義をベースに、「多様性」「イノベーション」「テクノロジー」という三つの視点からリビングラボを改めて説明しよう。

第一に、リビングラボとは、「多様性を許容し支援する枠組み」である。参加型デザインで志向される相互理解・意識変容・社会的合意には、年齢・性別・人種・立場などを超え多様な人々が集まることは不可欠であり、そうした多様性を包含した対話が行われる場所となる。

また、リビングラボとは「意識的にイノベーションを起こすしくみ」である。リビングラボは、拠点を設ける場合もあるが、必ずしも物理的空間が必要というわけではない。趣味や関心事でつながるネットワークやコミュニティもリビングラボになることから、リビングラボとは場所で

	タイプ1	タイプ2
タイプ	ビジネス型、実験室型	コミュニティ型
インタラクション	トップダウン、双方向性	ボトムアップ、多方向性
目的	評価、アセスメント	イノベーション、創造的解決
プロセス	ウォーターフロー型	アジャイル型
ツール	プロジェクトマネジメント	ファシリテーション、ワークショップ

表1　リビングラボの二つのタイプ

はなく手法と考えるのが重要だ。リビングラボは、意識的なしくみに支えられて集う人たちが考えを変える「場」であり、未来を共に創るコミュニティなのである。

そして、リビングラボとは「テクノロジーと人間と社会の関わりを見出す場」である。人はテクノロジーを進化させてきたが、同時にテクノロジーは人の能力を拡張し、社会のシステム自体を変化させてきた。[*6] テクノロジーは今や日常生活に深く関わるようになったため、社会を良い方向に向かわせるためのテクノロジーとはどのようなものかという倫理的な問いにまで踏み込んで真摯に向きあう場が必要になっている。そのような問いかけをする場として、リビングラボが機能する。

リビングラボの二つのタイプ

現在、リビングラボには、大きく分けて二つのタイプが見られる（表1）。

一つは、メンバーが既存の（ほぼ完成形の）ツール・製品・

サービスを使う・理解する・自分事化するための「場」である。トップダウンや双方向のインタラクションが主流になる。そこで行われるのは、文脈の理解、評価やアセスメント、ビジネスチャンスの模索、合意形成などである。

もう一つは、メンバーが一緒に創造していくためのコミュニティ的な「場」である。モヤモヤした状態のアイデアやコンセプトなどをコミュニティ内の多方向からのインタラクションにより具体化していく活動が繰り広げられる。

二つのタイプの基本的な柱は同じで、「関係する人たちが皆で一緒に未来を創っていく」ことだ。だからこそ、どちらのタイプでも産官学民から多様な人々の参加が志向される。

まちづくりを例に考えてみよう。企業・公共機関・研究者・市民は、街を構成するプレイヤーとして不可欠な参加者だ。そして多様なステークホルダーの中でも、実際に当事者として街で暮らす市民の参加は、最大の鍵となる。なぜなら、当事者の問題意識や課題解決に向けた主体的な取り組みこそが、社会にイノベーションをもたらすからだ。企業や行政が主導して一方的に「リビングラボ」と呼ばれる箱をつくり、技術ドリブンの発想で街を変えていこうとしても、当事者である市民のニーズやモチベーションが置き去りにされていては、思うような成果は見込めないだろう。

図3　リビングラボの手引きの一部

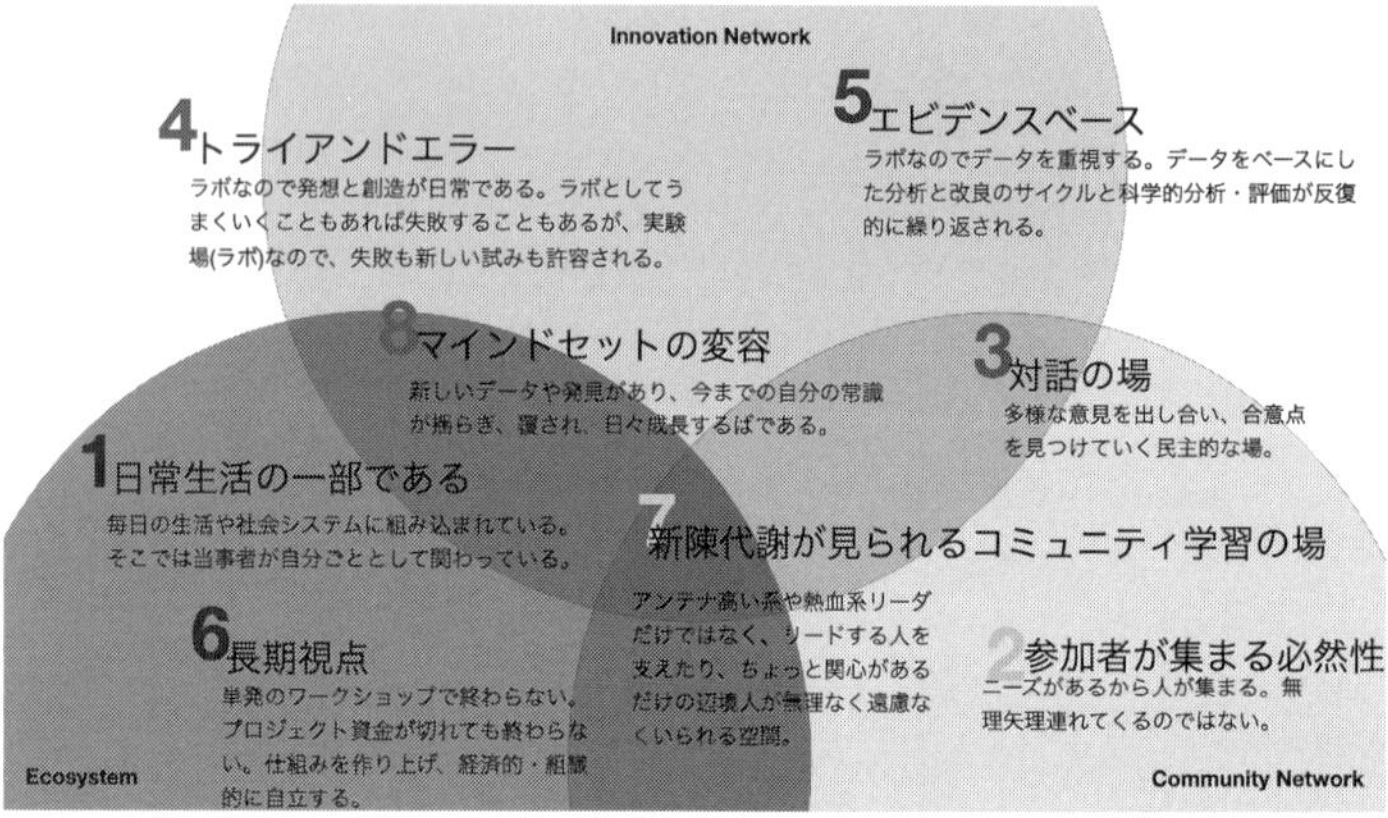

リビングラボ・マニフェスト

1. 日常生活の一部である：人間や社会のエコシステムに組み込まれた有機的なラボである。そこでは、当事者が自分事として関わっている。
2. 参加者が集まる必然性がある：無理矢理集められるのではなく、ニーズがあるため自然と集まる。
3. 対話の場である：多様な意見を出しあい合意点を見つけていくことができる民主的な場。
4. トライアンドエラーを許容する：ラボなので発想と創造が日常である。ラボとしてうまくいくこともあれば失敗することもあるが、お試し（ラボ）であるという前提に基づき、失敗や新しい試みが許容される。
5. エビデンスベース：ラボなのでデータを重視する。データをベースにした分析と改良、科学的分析・評価を繰り返す。
6. 長期的視点：単発のワークショップで終わらない、プロジェクト資金が切れても終わらないしくみをつくりあげ、経済的・組織的に自律する。
7. 新陳代謝が起こるコミュニティ学習の場（LPP）*8：アンテナが高かったり熱血タイプのリーダーだけでなく、モチベーションや関わり具合の濃淡に応じて無理なく遠慮なくいられる空間。また、自分はやりきったと思える人が遠慮なく抜けられる場。
8. マインドセットの変容：新しいデータや発見によって、今までの自分の常識が揺らぎ、覆され、日々成長する場。

図4　リビングラボ・マニフェスト

リビングラボに関心を持った人が、まず初めにすべきことについて、筆者（安岡）に相談が寄せられることが増えてきた。そのような声に応えるべく、筆者はＮＴＴ研究所との共同研究で「リビングラボの手引き」[*7]を２０１８年に発行した（図３）。リビングラボの手引きは、日本と北欧のリビングラボの実践者から集めたノウハウを30個のコツにまとめ、図解したものである。それぞれのコツは、キーワードやイラスト、エピソードなどで構成されている。

また、一見捉えどころのないリビングラボの理解を助けるために、筆者らが試作しているものの一つに「リビングラボ・マニフェスト」がある（図４）。リビングラボ・マニフェストは、リビングラボの研究者50人にインタビュー調査を行い抽出した八つの「リビングラボ実施の鍵」である。北欧で機能しているリビングラボを観察・分析してみると、その八つの特徴が自然と育まれるしくみが埋め込まれている。

リビングラボ・マニフェストは5章で紹介した「ファブシティ・マニフェスト」（5章図13）と共通している点も多い。これは、リビングラボもファブシティも、イノベーションを起こすのに必要な多様性やインタラクションなどの視点を必要としているからだろう。

リビングラボのエコシステム

リビングラボは、近年、短・長期的なサービス・施設・機器のテストベッド（実証実験用プラットフォーム）として、ＩＴに関わるイノベーションを支援する組織や施設で用いられたり、地域の社会課題の解決法として、自治体やＮＰＯが活用したりしている。リビングラボという名称をつけていても前述したような特徴がない場合もあれば、リビングラボという名称でなくてもリビングラボ的機能を備えている場合もある。求める成果によってそのリビングラボの活用の仕方が大きく異なるため、前述したような八つの鍵を押さえつつ、考え方やアプローチをローカライズしていくことがリビングラボをうまく活用するコツだ。

さて、リビングラボを実際に始める際に、必ず直面する課題がある。それは、どのように始め、どのように運営していくかといった、プロセスやノウハウに関わる課題だ。これに関しては、①前例やネットワークを活用する、②前述の「手引き」を活用する、③専門家と協働する、といった方法が考えられるだろう。

次にデンマークのリビングラボ事例として、市民が主導したもの、企業が主導したもの、自治体が主導したものの3例を簡単に紹介しよう。

■ロスキレ・フェスティバル：市民主導のリビングラボ

市民主導のリビングラボとして、「ロスキレ・フェスティバル（Roskilde Festival）」を紹介したい。ロスキレ・フェスティバルは、１９７１年に開始され、ロスキレ市の名を世界中の音楽ファンに知らしめた屋外音楽・アートフェスティバルだ（図５）。「行動しよう、皆で一緒に過ごそう、

図5　ロスキレ・フェスティバルで、ロスキレ大学の学生4名が実証実験している「Collective Disco」プロジェクトのプロトタイプ（提供：Collective Disco）

音楽とアートでつながろう、そして自由を求めよう」という合言葉のもと、毎年人口5万人の街に13万人が集い、参加者の多くが会場周辺の野外キャンプ場で共に過ごす。

フェスでは、音楽の演奏だけでなく、パフォーマンスやトーク、新しいテクノロジーのお披露目イベントも開催される。近隣の大学やテクノロジー系企業、スタートアップがフェスに集い、10万人以上の来場者を対象に、アプリやサービスの短期的リビングラボが実施される。

このリビングラボの最大の特徴は、市民主導のフェスが舞台という点だ。別名「市民の祭典」といわれ、主催はフォイーニング（NPO組織、詳細は後述）で、3万人以上のボランティアが運営に関わっている。フェスの準備期間中は、毎月会議を開き、新規プログラムが議論され、民主的なプロセスを経てプログラムが決定する。地域振興や産業育成の好機として自治体・地元企業・教育機関など、参加者の顔ぶれも多彩だ。

図6　コペンハーゲンのレフスヘーレウーエン（出典：©Rolands Varsbergs ／ Reffen）

■レフスヘーレウーエン：企業主導のリビングラボ

企業が主導するリビングラボとしては、「レフスヘーレウーエン（Refshaleøen）」がある。レフスヘーレウーエンは、コペンハーゲン都心部の造船場・工場跡地で、敷地面積は500㎡にも及ぶ広大な再開発エリアだ（図6）。広大な敷地の管理・開発を手がけるのは、レフスヘーレウーエン社である。同社は自治体との連携や、改修が完了した建物を文化的プロジェクトなどに活用できる場所として開放する役割に徹し、コミュニティ構築の黒子役の役割を果たしている。このエリアの活動の中心的役割を担うのは、住民や地元の事業者等である。人々がここに移り住み、企業が事業を営み、プロジェクトやコラボレーションが生まれる。このようなボトムアップの活動が地域の再開発プロジェクトの中心となっている。

現在は、菜園を併設し食のサステイナビリティを追求する「レストラン・アマス（Amass Restaurant）」やカフェ、学生向けの住居を賃貸するCPHビレッジ（CPH Village）、コンテナハウス事業のアーバンリッガー（Urban Rigger）、都市型アウトドア事業のブロックス＆ウォールズ（Blocs & Walls）、アートフェス会場などが入居し、計画されたプロジェクトというよりは、どことなくカオスな雰囲気を漂わせつつコミュニティの構築や文化の醸成が進められている。

■自治体が主導するリビングラボ

最後に、自治体が主導したリビングラボとしては、5章でも紹介した各都市の図書館や後述する

DOLLなどがある。たとえば、デンマークのオーフス中央図書館ドッケンやフィンランドのヘルシンキ中央図書館オーディは、図書館建設にあたりリビングラボが実施され、市民との対話を通して、図書館の機能やデザインが決められた。今でも、市民やNPO主催のイベント、産官学民が連携したプロジェクトが実施されるなど、地域コミュニティがさまざまな形で運営に関わる。リビングラボを経て完成した図書館は、市民が集まるハブとして機能し、積極的に活用されている。

3 スマートシティで活用されるリビングラボ

スマートシティにおいてリビングラボが果たす可能性は非常に大きい。続いて、テクノロジーとコラボレーションの視点からリビングラボについて考えてみたい。

テクノロジーとリビングラボ

スマートシティの鍵となっているのは、都市生活における「テクノロジー」の活用である。リビングラボは、北欧では民間・公共にかかわらず、広く使われるようになってきており、特に先端技術を活用した都市課題の解決、つまりスマートシティのプロジェクトにおけるリビングラボの活用が進む。では、なぜ、リビングラボがスマートシティに役立つのか。

■テクノロジーの社会実装は簡単ではない

一つには、先端的なテクノロジーの社会実装は簡単ではないからだ。テクノロジーが社会で広く利用されるようになるまでには時間がかかるし、導入してみたらバグに気づくかもしれない。リビングラボは、必ずしもテクノロジーの社会実装のみを目的とした手法ではないが、テクノロジーの導入とは親和性が高い。リビングラボは、生活の場において当事者を含めた大勢の関係者と長期的な視点で新しいテクノロジーの導入を実験する機会となる。当事者は、当初、拒否感や違和感を持っていたとしても、長期的に体感することで、考えを変化させるかもしれないし、慣れることで技術を使いこなせるようになるかもしれない。長期的な変化を起こす際に不可欠な社会実装プロセスにおいて、リビングラボは有効である。

■テクノロジーが社会に与える影響を理解する

今まで、ＩＣＴは一部の大企業が自社の事業として開発し、人々はそれを購入することで、生活を豊かにしてきた。この20年間でＩＣＴは人々の生活の隅々に溶け込んだ一方で、近年、人々の心身、社会における人間関係やプライバシーを蝕む可能性が大きいことが指摘されるようになった[*9]。したがって、ＩＣＴを社会に導入する際には、より慎重に社会や人への影響を考察する必要があり、当事者が納得する未来を主体的に選択していくために、倫理的な面を含めさまざまな観点から議論をして合意を得ることが不可欠になっている。[*10] リビングラボが注目されるのは、皆が納得する未来を協力して主体的につくることが、今切実に必要とされているからである。

■DOLL：街路灯のセンサーで大気汚染を可視化する

ここで、筆者（安岡）が2021年から関わっているリビングラボの事例を紹介しよう。アメリカ・ロサンゼルスが拠点のセンサー企業Avanti R&D社と日本の電気通信大学との共同研究プロジェクトが、デンマークのアルバーツルンド市で実施されることになった。電気通信大学の開発した大気環境のセンシング技術とAIによる交通カメラを組みあわせ、交通車両による大気汚染の状態を「見える化」するプロジェクトである。

舞台となるのは、環境に配慮したまちづくりを進めるアルバーツルンド市で行われている、光を活用した欧州最大の都市インテリジェントシステムのプロジェクト「Denmark Outdoor Lighting Lab（DOLL）」である（図7）。デンマークでは、消費電力の削減のために積極的に街灯をLEDに置き換えているが、同市の一角に設置された屋外型リビングラボDOLLでは、街灯にセンサーを内蔵させ、温度や大気などの環境データを収集・活用するネットワーク化を行い、インテリジェント交通システム（ITS）の導入を進めている（図8）。DOLLでは、街灯などの光を活用し、情報ネットワークをメッシュに張り巡らせ、都市全体をデータ基地化する計画を立て、

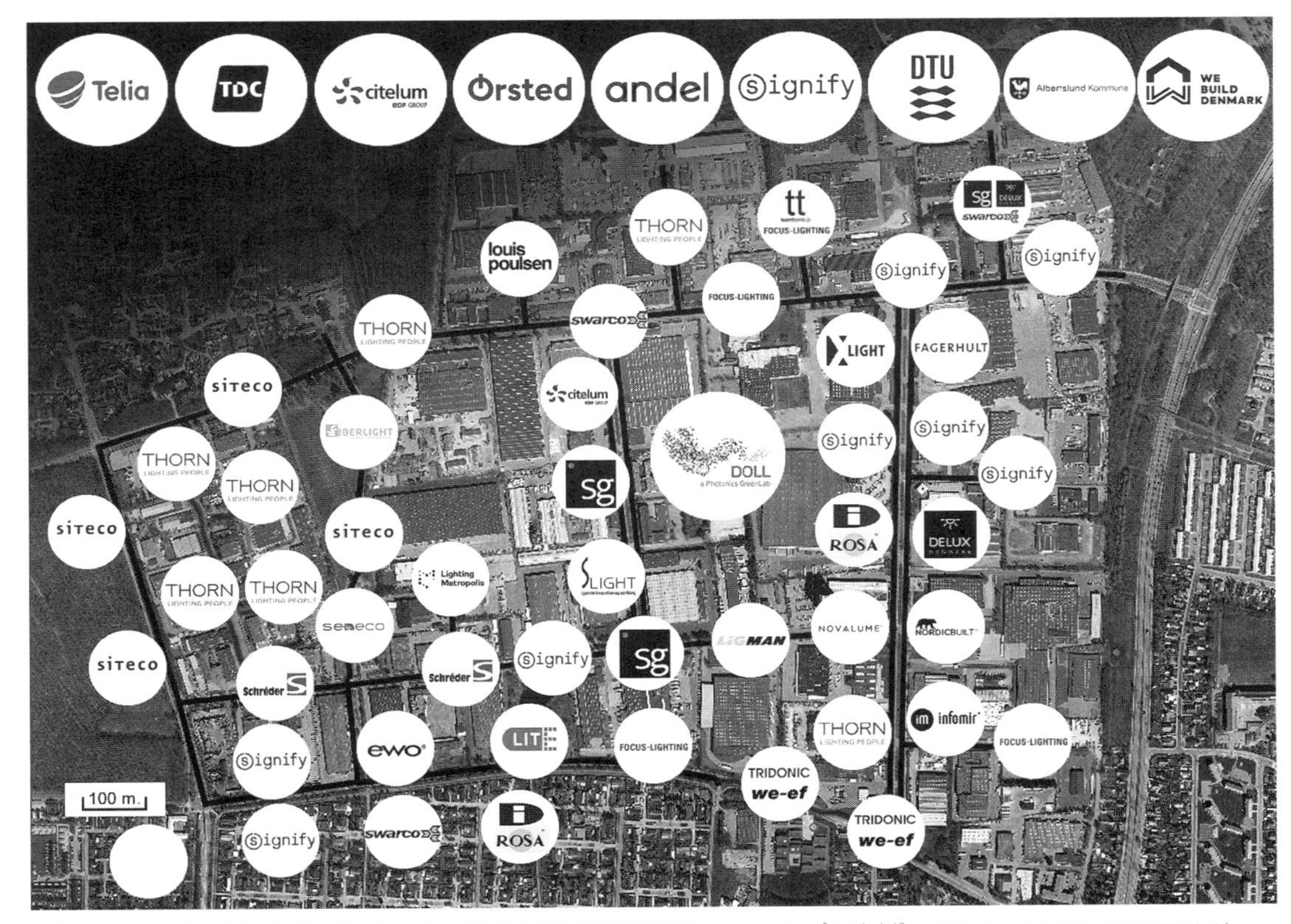

図7　DOLLプロジェクトに参加する、センサーを内蔵させた屋外照明のソリューションプロバイダー（出典：Denmark Outdoor Lighting Lab）

図8　Avantii R&D社によって信号機や街灯に設置されるAI交通カメラ
（出典：Avanti R&D）

オフィスや住宅街の一角をリビングラボとしている。光通信のハブが設置されている街灯近辺では、未来の高速光ネットワークが体験でき、映画『スター・ウォーズ』シリーズ全作品がわずか20秒でダウンロードできるという。

Avanti R&D社のプロジェクトは、DOLLを活用して、どのようなデータの可視化が利用者にとって有意義なのかを探ることを目的としている。そのプロジェクトで筆者は、機器の機能や、データを可視化する際のGUI（グラフィカル・ユーザー・インターフェース）とそのユーザビリティを検証する予定だ。

コラボレーションとリビングラボ

北欧では、課題解決やイノベーションにはコラボレーションが重要であるという考えが浸透している。そのため、コラボレーションが促進されるように、法律・組織・エコシステムを整備し、海外企業の誘致を含め、領域や枠組みを超えた共創の可能性が追求されている。オープンデータを促進し海外のコラボレーターにもデータ利用を可能にしていたり、経済特区を選出して技術的実験をしやすくしたり、さらに産官学民が共同でプロジェクトを進めやすいエコシステムを構築するといった取り組みが意欲的に進められている。

フレキシブルでオープンな北欧諸国は、リビングラボのフィールドとして、近年注目されている。欧州はもちろん、アメリカや中国の大手IT企業とのコラボレーションが活発化しており、近年は、日本企業との連携も多い。技術の種を持つ多くの日本企業が、社会に役立つ製品やサービスに昇華させようと、北欧のエコシステムを活用するケースも目立ってきている。たとえば、3章で紹介した、日本の良品計画とフィンランドのセンシブル4社が共同で自動運転技術を利用した無人シャトルバス「ガチャ」を開発したプロジェクトもその一例である。さらに、ヘルスケア、金融、ロボットなどの分野でも日本企業と北欧企業とのコラボレーションが多数始まっている。

■産官学民の共創

北欧では、産官学民の共創が長年志向されてきた。確かに、30年前は、1組織では何もできないという小国ならではの物理的な課題も理由の一つになっていたかもしれない。しかし、現在では、産官学民で共創するのは、もっと積極的な理由からだ。北欧の人々は、産官学民での共創は「イノベーションの源泉である」[*11]ということを自覚しており、15年ほど前から、産官学民連携の枠組みがないと、EUや国、自治体のプロジェクト助成資金に申請することもできなくなった。

企業・行政・大学や研究機関・市民が、合意形成を図りながら問題解決やイノベーションにつなげるということは、近年日本でも、公民連携や産官学民連携という言葉で注目されている。しかし枠組みだけでは意味がなく、実際にそれぞれが機能してそれぞれが役割を果たす必要がある。その役割とは、行政は法的枠組みを整え、企業は技術を開発し、サービスを広く社会に展開して経済を回し、研究機関はエビデンスベースの分析をし、市民は当事者として行動を起こすということである。

この産官学民の共創は、北欧のリビングラボには必ず組み込まれているが、たとえメンバー構成を整えても、実際にそれぞれが主体的に関わり共創することは容易ではない。だからこそ、日本をはじめとする海外の企業が、産官学民の共創に慣れている北欧のリビングラボの活用を積極的に模索し始めているのだろう。

■オウル・アーバン・リビングラボ：産官学民連携で社会実装を進める

ここで、フィンランド北部の人口20万ほどのオウル市において実施されているリビングラボを紹介しよう。オウル市は北極圏に近い辺境でありつつも、市民の3人に1人が大学の学位を持ち、知識産業・ハイテク産業が林立する先端学術都市である。元ノキアの技術者たちが多く集まり、エンジニア文化が根づくオウル市には、新しいテクノロジーに関心を持つ市民が多く、生活の中で新しい製品やサービスを試行するリビングラボにも積極的に参加している。

図9　オウル市全域の交通標識で提供されるテレマティックスサービス（出典：Oulu Smart City）

オウル市では、産業界・行政・教育機関・市民の産官学民連携で、複数のプロジェクトが進行中である。「オウル・アーバン・リビングラボ（Oulu Urban Living Labs）」では、オウル大学が取りまとめ役となり、優秀な人的資源やテクノロジー集積地としての地の利を活かし、6G開発やスマートビルディング、スマートモビリティ、Eヘルスケアの研究から社会実装まで幅広い取り組みが実施されている。

「オウル・スマートシティ（Oulu Smart City）」は、オウル産業界が中心となり、オウル市・オウル大学・地元IT企業、スタートアップらが産官学民で協働し、プロジェクトの実装・支援を通して、インテリジェントシティ・オウルを盛り上げている。たとえば、市全域にテレマティックスサービス（自動車等にコンピュータや制御装置を内蔵し、無線通信により外部のシステムと接続することにより提供されるサービス）を提供する136の交通標識を設置し、リアルタイムに交通情報や風・雪などの注意報を掲示するプロジェクトや、6Gプロジェクトなどがある（図9）。

4 コラボレーションを促進するしくみ

北欧では、「参加型デザイン」や「リビングラボ」といったイノベーションを生みだす手法が社会に戦略的に導入されてきた。参加型デザインでは、コラボレーションする、意見を出しあう、ア

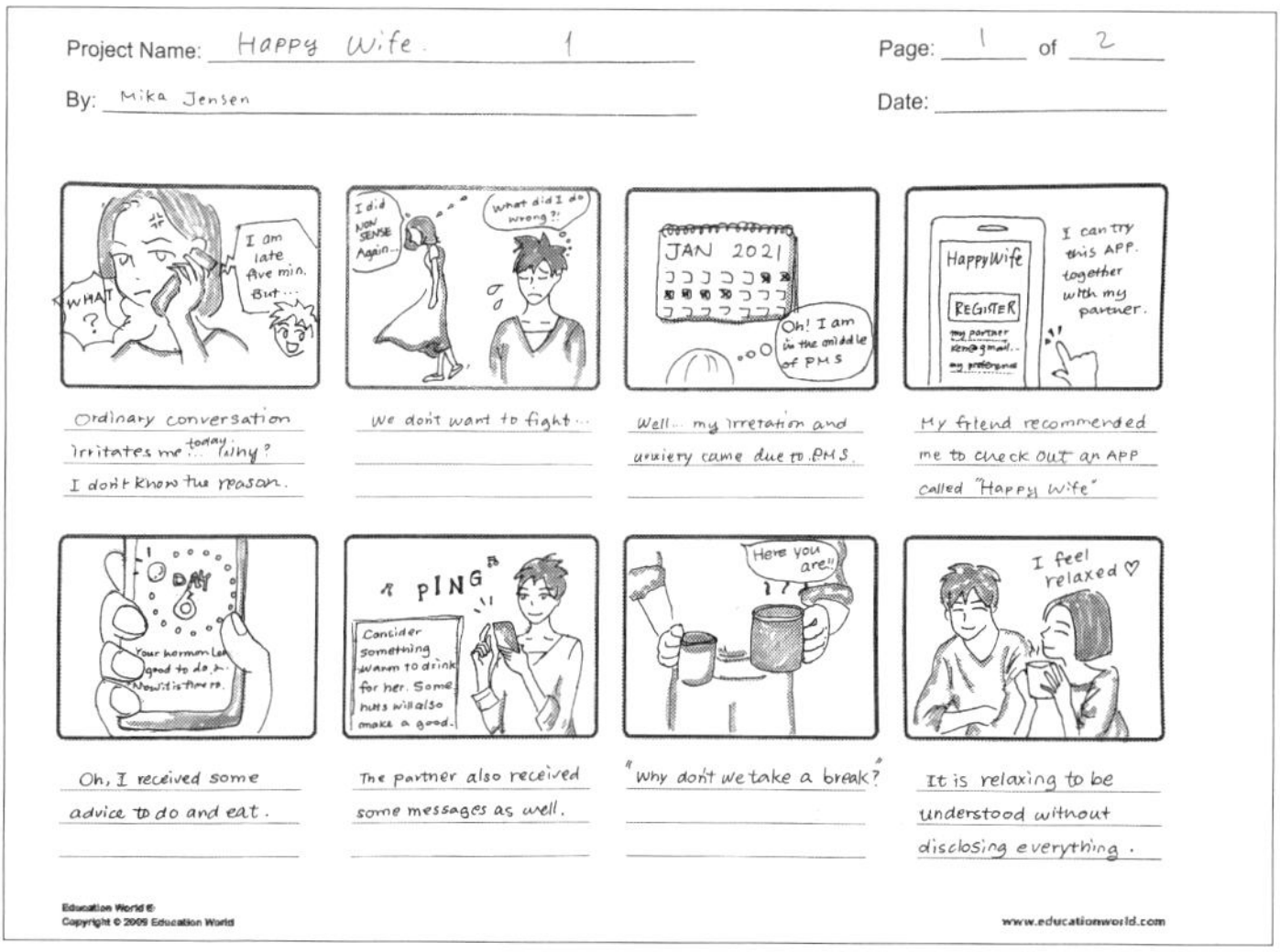

図 10　筆者がプロジェクトで作成したストーリーボード

イデアを共創するといったことに不慣れな人たちを支援するために、さまざまなツールが提案されてきた。参与観察、インタビュー、議論を可視化するグラフィックレコーディング、ボードゲームで未来のICTサービスのアイデアを練り上げていくICTデザインゲーム[*12]、誰でもどこでも使えるように仕立てられたインスピレーションカード群、イメージを可視化するための漫画、ストーリーボード（図10）やデジタルストーリーテリングといったツールだ。こうした対話やコラボレーションを促進する仕掛けは日本でも十分応用可能である。[*13]

しかし、北欧で成果をあげている参加型デザインやリビングラボを日本で導入しても、必ずしもうまくいくとは限らない。なぜなら、北欧社会には、参加型デザインやリビングラボの基盤となっている、対話やコラボレーションによりイノベーションを発揮するしくみが根づいているからだ。それは日常生活の中で、多分誰も特別なものとして意識していないごくありふれたツールやしくみである。[*14] ここではそのしくみの例としてデンマークの二つの事例を紹介したい。

フォイーニング：プロジェクトを迅速・円滑に実現するしくみ

デンマークには「フォイーニング（Forening）」というコミュニティづくりのしくみがある。[*15] フォイーニングは、公的に認められた活動団体で、英訳すれば「アソシエーション（Association）」で、日本の任意団体や社団法人に似ているが、もっと広範囲の活動を包括する。フォイーニングは、地域のサッカークラブや音楽教室などから、政治団体・宗教団体・ガン患者を家族に持つ会といった特定のトピックに関わる団体・NPO・イベントの実行委員会・ボランティア団体などで、活動組織の姿は幅広く、日本で完全に対応する用語はない。そのためここでは、フォイーニングという言葉をそのまま使うことにする。

このフォイーニングは、誰かと何かの活動を始めたいと思ったときにとても役立つ。公的団体をつくらなくても友人グループと楽しめばよいではないかと思うかもしれないが、少し大掛かりなイベントを開催するときには公的に認知された活動団体をつくることで、公共施設が無料で使えたり、公的・民間機関が提供するファンドに申請することができる。だから、何かしらのアクションやプロジェクトを起こしたいと思った人が、フォイーニングの枠組みを使って賛同者を集めることで、比較的簡単に資金を調達してプロジェクトを実現することができるのである。

筆者（ニールセン）は、デンマークで育ち、多くのフォイーニングやボランティア活動に関わってきた。学生時代、地元のコミュニティクラブで行われていたスケートボード教室に参加していたが、このように学生がスポーツクラブに参加する場合、学校の部活ではなく、地域のフォイーニングがボランティアベースで運営している活動であることがほとんどだ。筆者は、自然な流れで友人たちとスケートボードのフォイーニングを立ち上げ、無料で借りられる屋内施設を利用してボランティアでレッスンを行っている。

フォイーニングに登録をするには、フォイーニング憲章をつくり、関心のある人たちを少なくとも5名集めて取締役会を構成し、年に一度の総会を開催する義務がある。団体への参加は広くオープンにし、メンバーや外部の意見を受け入れ運営に反映させ、定期的に会合を開くことが求められる。憲章や取締役員のリストとともに団体登録をオンラインで行い法人格を得ると、銀行口座も開くことができる。

デンマークにおけるフォイーニングの歴史は18世紀まで遡ることができるが、１８４９年に制定されたデンマーク憲法の「集会の自由」の規定に基づき、国民の権利としてフォイーニングの活用が広く認められてきた。比較的簡単に団体登録ができ、公共や民間の資金にアクセスすることができるのは、何かしらの活動を行いたい人たちにとってはとても魅力的な枠組みだ。だから、多くのフォイーニングは、公共や民間のファンドから得ることができる活動資金を求めて、より多様な人からのインプットや議論が必須となる団体運営のしくみを導入し、より開かれた社会活動を展開する道を選ぶ。そして、多くの人に開かれたフォイーニングの活動は、コラボレーションを育む社会をつくり、人々の意識も変化させてきた。

デンマーク・ボランティア・社会活動センターの統計（２０１９年）[*16]によると、デンマーク国内だけで80万のフォイーニング団体が登録されており、人々の暮らしや生きがいを形成する上で大きな役割を果たしていることがわかる。また、デンマークのフォイーニングは、２０１６年末に当時の文化大臣バーテル・ハーダーが策定した提言「デンマーク社会を形づくる10の価値観」の中でも「フォイーニングライフとボランティア活動」として挙げられており、社会的資本として改めて認知されるようになった。近年は、16～29歳の若者の参加が増加し、環境問題に関する団体の設立が増加しているという。[*17] なお、デンマークのフォイーニングと同様のしくみは、ノルウェー（forening）にも、スウェーデン（förening）にも存在する。

本書では、フォイーニングやボランティア文化が社会に与える効果について詳しく説明することはしないが、北欧の人々は、フォイーニングが社会へのコミットメントを高めてくれると考えている。言い換えれば、フォイーニングは、人々がお互いを信頼し結束できる民主的な社会をつくるしくみとなっているのである。

ダオスオーデン：会議を主体的に運営するしくみ

デンマークには「ダオスオーデン（Dagsorden）」と呼ばれる、会議やミーティングの際に必ず使われる「議題」のテンプレートがある。*[18] ダオスオーデンは、英訳すれば「アジェンダ（Agenda）」となり、一見すれば「本日の会議で話すこと」のリストにすぎない。

ダオスオーデンは、会議に先立ち参加者に共有され、会議で議論される議題やその参考資料などが添付されるので、参加者は前もって目を通しておくことになる。これだけを聞くと、何が特別なのかわからないと思うが、単なる議題でもアジェンダでもないという意味は、そのダオスオーデンの議題構成に隠されている。典型的なダオスオーデンは次のようなものである。

1　議長を選ぶ
2　書記を選ぶ
3　本日の議題リストについて承認を得る（不足している議題があれば挙げてもらう）
4　議題1：承認の可否を確認
5　議題2：承認の可否を確認
6　その他

肝となっているのは、1から3である。会社組織などでは、決まった人が議長や書記を行うことが多いが、ダオスガーデンを使った会議では、まず議長を選ぶ・書記を選ぶところから始まり、当日の議題についても、追加したり、意見を述べたりすることができる。このプロセスで行うことで、少数の選ばれた人たちが会議を動かすのではなく、その会議においてすべての参加者が平等であるということが明示される。議長も書記も毎回ランダムに選ばれ、会議において参加者の意見を聞く場合も、誰かに偏らず、テーブルを一周しながら、皆が忌憚のない意見を出しあう。

筆者（安岡）は、デンマークに住み始めてすぐ、語学学校でこのダオスオーデンに出会った。議論のクラスで、1枚の「ダオスオーデン」と書かれた紙が配られ、それに沿ってデンマーク語での模擬会議が始められた。その後も、ダオスオーデンは職場で会議が実施されるとき、子供の学校で保護者会が開かれるとき、地域の町内会と、あらゆる機会に登場する。いつでも、まず、議長を選び、書記を決め、参加者の議論を始める。

参加型デザインでもリビングラボでも、こだわりの強い参加者やモチベーションの高い参加者がいる。そんな人が議長のように場を引っ張ることもあれば、時には脇に回ることもある。逆にいつも脇に回る人でも、トピックによっては、手を挙げて率先して場を回すこともある。フォイーニングやダオスオーデンに見られる主体性・当事者性・対話重視の姿勢・フラットな人間関係は、リビングラボや参加型デザインにも埋め込まれ、北欧のまちづくりに活かされている。

5 自律と参画を育むアクティブラーニング

北欧では、1970年代に大きな教育変革が起こった。それまで行われていた教師から生徒への一方通行の知識の伝達、暗記中心の学習方法に疑問が投げかけられ、学習者が主体となり、教師には学習を支援するファシリテーターの役割が求められるようになった。そして、そうした新しい学習方法を実践する場として、デンマークでは70年代後半にロスキレ大学とオールボー大学という二つの大学が新設された。新しい学習法は、2大学を起点に研究が進み、積極的に学習の現場で活用されるようになっていった。この新しい学習モデルは、現在は「アクティブラーニング」として、幼児から成人までを対象としたさまざまな分野で応用されている。

アクティブラーニングとは、学習者が自分で主体的に学ぶことである。教師から一方的に知識を伝達され理解するのではなく、自分で何が課題であるかを設定し、その課題に対して多様な視点から議論を重ねて解決策を模索する学習方法である（図11）。アクティブラーニングでは、グループによるプロジェクトワークを学びの中心に据えており、エンパシー（自分と違う価値観を持つ相手の考え方を想像する力）を構築し合意点をつくりだすダイアローグ（対話）と、他者と自分とのインタラクション（相互作用）を通したリフレクション（振り返り）による学び、そして自分の学び

図11　アクティブラーニングの一コマ。
学生同士がチームメンバーをつくり（左）、チームで発表する（右）

に責任を持つ、ということに重点を置いている。このようなインタラクティブに課題を設定し議論を重ねることで解決策を見出す学習では、唯一の正解はなく、そもそも解決策を見つけだすことはそれほど重視されていないとも言える。

学びのツールとしては、コラボレーションをベースにしたグループワーク、対話、振り返りがある。こうしたアクティブラーニングのツールは近年特に注目されている「21世紀型スキル」や「自ら学ぶ力」と同義だ（2章参照）。日本では、２０２０年の学習指導要領でも採り入れられたこの学びの方法が、北欧ではすでに70年代から模索されていた。

筆者（ニールセン）は、中学・高校時代に初めて「プロジェクト・グループワーク」に取り組んだ。教師が学生に助言したのは、プロジェクトに関連する専門家や文化的背景を持った個人（看護師・地元の政治家・移民など）にインタビューをすること、そして、他者から直接知識を得るということだ。学生がインタビューを申し込んで、専門家に返答してもらえるか、企業のＣＥＯは話を聞いてくれるか、と心配したが、そんな不安は杞憂に終わった。驚いたことに、専門家は快くインタビューを引き受けてくれたのだ。これは、北欧の大人たちが、目の前の学生の期待に応えるためというよりは、社会に自分ができることを還元したいと考えているからだといわれる。

現在、社会で活躍する北欧の人々は、学生時代にアクティブラーニングの洗礼を受けてきた。近年の北欧では、アクティブラーニングだけでなく、情報学教育（ＩＴを活用した学習、ＩＴの基礎スキルを学ぶ教育）、ＳＴＥＡＭ教育（Science（科学）、Technology（技術）、Engineering（工学）、Arts（芸術）、Mathematics（数学）を統合的に学習する手法）、起業家プログラムなどが初等・中等教育で導入されている。学生時代に主体的に学ぶ方法を身につけた人々は、正解のない課題に直面しても、共創と対話、振り返りの学びのツールを最大限に活用し、課題設定の見直しや課題解決に取り組める。

Associates, 1993
＊3 Finn Kensing, Jesper Simonsen and Kjeld Bodker, Participatory IT Design: Designing for Business and Workplace Realities, The MIT Press, 2004
＊4 Susan L. Star and James R. Grieseme, Institutional Ecology, Translations' and Boundary Objects: Amateurs and Professionals in Berkeley's Museum of Vertebrate Zoology, Social Studies of Science, 19 (3), 1989
＊5 安岡美佳「共創デザインを支援する仕組み、リビングラボ：北欧の事例より」『デザイン学研究特集号』vol.26、no.2、2019年　https://doi.org/10.11247/jssds.26.2_26
安岡美佳「共創の鍵：長期的視点と当事者参加」『サービソロジー』vol.5、no.3、2018年　https/doi.org/10.24464/serviceology.5.3_36
＊6 Robert Rosenberger and Peter P.C.C. (eds.), Postphenomenological Investigations: Essays on Human-Technology Relations, Lexington Books, 2015
＊7 リビングラボの手引きは一般に公開しているものではないので、関心を持たれた方は筆者まで連絡して下さい。mikaj@ruc.dk
＊8 Jean Lave and Etienne Wenger, Situated Learning: Legitimate Peripheral Participation, Cambridge University Press, 1991
＊9 Markus Salo, Henri Pirkkalainen, Cecil Eng Huang Chua and Tiina Koskelainen, Formation and Mitigation of Technostress in the Personal Use of IT, MIS Quarterly, 46, 2022
https://misq.umn.edu/formation-and-mitigation-of-technostress-in-the-personal-use-of-it.html
＊10 ＊6に同じ。
＊11 キース・ソーヤー『凡才の集団は孤高の天才に勝る：「グループ・ジーニアス」が生み出すものすごいアイデア』ダイヤモンド社、2009年
＊12 Mika Yasuoka, Cultural Impact on Participatory Deisgn Method - ICT Design Game Case, Cultural Impact on User Experience Design and Evaluation - One day workshop, NordiCHI, 2012
＊13 Mika Yasuoka, Momoko Nakatani and Takehiko Ohno, Towards a Culturally Independent Participatory Design Method, Culture and Computing, 2013
Mika Yasuoka and Takehiko Ohno, Impact of Constraints and Rules of User Involvement Methods for IS Concept Creation and Specification, The Sixth Scandinavian Conference on Information Systems 2015, LNBIP 223, Springer, 2015
＊14 安岡美佳「デンマーク流戦略的参加型デザインの活用：北欧の高い生産性を支える文化・国民性、社会構造、戦略的手法」『一橋ビジネスレビュー』62巻3号、2014年
＊15 安岡美佳、岡本誠「共創で形作られる北欧のスマートシティ：市民主導はどう始まりどう続いていくのか」共創学会第5回年次大会、2021年
＊16 Center for Frivilligt, Nye tal om danskernes frivillige engagement 2019, Socialt Arbejde, 2019
＊17 ＊16に同じ。
＊18 ＊15に同じ。

* 7　* 6 に同じ。
* 8　本項「シックスセンシズ・スヴァルト：ポジティブ・エネルギー・ホテル」は森田美紀氏と安岡美佳の共同執筆である。
* 9　パーソナルインタビュー、2022 年 4 月
* 10 HSY, nilmansuojelun toimenpidesuunnitelma pääkaupunkiseudulle vuosille 2017-2024
* 11 Gabriela Sousa Santos et al., Valuation of traffic control measures in Oslo region and its effect on current air quality policies in Norway, Transport Policy, 2020
* 12 Copenhagen Healthtech Cluster, Nordic Health Data-How do we collaborate on mapping metadata? Data Saves Lives, 2020
* 13 中島健佑『デンマークのスマートシティ』学芸出版社、2019 年
* 14 本項「コロニーヘーヴ：週末農業を楽しむ」は森田美紀氏と安岡美佳の共同執筆である。

〈4 章〉

* 1　A Guide To Nordic Innovation, Innovation Lab Asia, 2021
https://nordicasian.vc/wp-content/uploads/2022/01/ILA-report_Nordic-ecosystem_FINAL.pdf
* 2　Sifted, Europe's Startup Unicorns, 2022
https://sifted.eu/rankings/european-unicorn-startups
* 3　Nordic Edge, The State of Smart City Investment in the Nordics, Nordic Web, DNB, 2016
* 4　安岡美佳「デンマーク流戦略的参加型デザインの活用」『一橋ビジネスレビュー』62 巻 3 号、2014 年

〈5 章〉

* 1　中島健佑『デンマークのスマートシティ』学芸出版社、2019 年
* 2　田中浩也、渡辺ゆうか「デジタルファブリケーションと SDGs：ファブシティ概念を中心として」『Keio SFC Journal』vol.19 、no.1 、2019 年

〈6 章〉

* 1　参加型デザインの教科書的な英語の文献と、筆者の論文をいくつか紹介する。
Jesper Simonsen and Toni Robertson (eds.), Routledge International Handbook of Participatory Design, Routledge, 2013
Keld Bodker, Finn Kensing and Jesper Simonsen, Participatory IT Design, The MIT Press, 2009
Pelle Ehn, Elisabet M. Nilsson and Richard Topgaard, Making Futures - Marginal Notes on Innovation, Design, and Democracy, The MIT Press, 2014
Ezio Manzini, Design, When Everybody Designs - An Introduction to Design for Social Innovation, The MIT Press, 2015
Susanne Bødker, Christian Dindler, Ole S. Iversen and Rachel C. Smith, Participatory Design, Morgan & Claypool Publishers, 2021
Morten Kyng and Joan Greenbaum, Design at Work- Cooperative Design of Computer Systems, Lawrence Erlbaum Associates Inc., 1991
安岡美佳「デザイン思考：北欧の研究と実践」『智場』118 号、2013 年
安岡美佳「デンマーク流戦略的参加型デザインの活用」『一橋ビジネスレビュー』62 巻 3 号、2014 年
* 2　Joan Greenbaum, A design of one's own: Towards participatory design in the United statues, Participatory Design: Principles and Practices, L. Erlbaum

＊11 安岡美佳「北欧のキャッシュレスの現状」『月報司法書士』no.585、2020年
＊12 Denmarks Nationalbank, Cash payments are declining, no.3, 26 February 2020
＊13 デンマーク国立銀行がKantar Gallupの協力により行った調査。2019年8月19日～9月22日の1カ月間に、無作為抽出された15～79歳の市民1136名が、購買行動を日記形式で記録した。また、質問用紙による調査も複数回実施された。
＊14 安岡美佳「未来のお小遣い事情」note、2019年
https://note.com/japanordic/n/n3d1113e6b1e3?magazine_key=mc792fcdd45e4
＊15 主体的経験的学習方法のこと。詳しくは、安岡美佳、内田真生「デンマークのアクティブラーニング」note、2020年　https://note.com/happinesstech/n/na44c00480682
＊16 Alexandra Nordström, The Joy of Learning Multiliteracies, 2019
https://helda.helsinki.fi/bitstream/handle/10138/298481/Kurittomat_palaset_eng_www.pdf
＊17 安岡美佳「最先端データ・マーケットプレイスの試み」note、2019年
https://note.com/happinesstech/n/n595f8ee2ee80?magazine_key=m07cc834d7375
＊18 Municipality of Copenhagen and Capital Region of Denmark, City Data Exchange-Lessons learned From A Public Private Collaboration, 2018
＊19 Eurostat, Working from home across EU regions in 2020, 2021
＊20 安岡美佳（インタビュー）「『デジタル化先進国』デンマークの実状を知る」デジタルわかる化研究所、2021年　https://digiwaka.jp/column/586
＊21 ＊9に同じ。
＊22 安岡美佳「デンマークにおける個人情報の捉え方・考え方」『サービソロジー』vol.7、no.3、2021年
＊23 若目田光生「第6章パーソナルデータ利活用の期待と課題」、21世紀政策研究所『データ利活用と産業化』2018年、所収
＊24 ＊23に同じ。
＊25 安岡美佳「人を幸せにするテクノロジー」note、2019年
https://note.com/japanordic/n/n63d08985bad6?magazine_key=me68fa4728431
＊26 北欧研究所「急成長のスタートアップ企業による食料廃棄解決アプリ『Too Good To Go』」note、2019年　https://note.com/japanordic/n/n6a0f00ea581d
＊27 北欧研究所「鬱になってからじゃ遅いから：ストレス対策アプリ『Sumondo』」note、2019年　https://note.com/japanordic/n/nde4be8bcfb03

〈3章〉

＊1 IEA, Key World Energy Statistics 2019
＊2 Christopher M. Escalona, Mapping the Danish Cleantech Startup Ecosystem :Understanding the economic potential of the Cleantech sector and challenges facing new Cleantech ventures, TechBBQ, 2021
＊3 Copenhagenize Design Co., The 2019 Copenhagenize Index of Bicycle Friendly Cities, 2019
＊4 安岡美佳「グリーンな社会目指すデンマーク：自転車ハイウェイとIoT」エネルギーフロントライン、2017年　https://ene-fro.com/article/ef09_a2/
＊5 Donkey Republic, Donkey Republic Company Profile
https://www.donkey.bike/wp-content/uploads/2017/05/EN_Donkey_Republic_Company_Profile.pdf
＊6 States of Green「Think Denmark　前進する風力発電：風力発電がデンマークのエネルギー・システムにもたらす変革」2018年

注

〈1章〉

＊1 United Nations Department of Economic and Social Affairs, World Urbanization Prospects 2018

＊2 電子居住権は日本でも広く注目され、安倍晋三氏も取得したことがニュースになった。ERR, Japanese Prime Minister becomes Estonian e-resident https://news.err.ee/115597/japanese-prime-minister-becomes-estonian-e-resident

＊3 Numbeo, Quality of Life https://www.numbeo.com/quality-of-life/

＊4 Monocle, Bright lights, small city https://monocle.com/magazine/the-forecast/2021/bright-lights-small-city/

＊5 Olli Bremer, Niko Kinnunen, et al., People first: A vision for the global urban age Lessons from Nordic Smart Cities, Demos Helsinki, 2020

＊6 安岡美佳「都会に綺麗な空気を取り戻せ！デンマークの挑戦」エネルギーフロントライン、2017 https://ene-fro.com/article/ef25_a1/

＊7 Leapcraft, CPH Sense http://cphsense.leapcraft.dk/

＊8 安岡美佳、白石竹彦「コペンハーゲン、世界初 CO_2 フリー目指す」Japan In-depth、2019年 https://japan-indepth.jp/?p=48799

＊9 安岡美佳「北欧のエコビレッジ訪問記」エネルギーフロントライン、2020年 https://ene-fro.com/article/ef136_a1/

＊10 クレイトン・クリステンセン、玉田俊平太監修、伊豆原弓訳『イノベーションのジレンマ：技術革新が巨大企業を滅ぼすとき 増補改訂版』翔泳社、2001年

＊11 BBCの番組「The Andrew Marr Show」（2021年5月16日）での発言。

＊12 本項「最新技術で快適な室内環境を実現」は蒔田智則氏と安岡美佳の共同執筆である。

〈2章〉

＊1 Innovation Lab Asia, Estonia: A Case Story, 2019 https://innovationlabasia.dk/wp-content/uploads/ILA-Ecosystem-report_ESTONIA.pdf

＊2 e-Governance Academy編著、三菱UFJリサーチ＆コンサルティング監訳『e-エストニア：デジタル・ガバナンスの最前線』日経BP、2019年

＊3 Nordic Council of Ministers Nordic Innovation, Nordic Smart Government Roadmap, 2021 https://www.norden.org/en/publication/nordic-smart-government-roadmap

＊4 Finish Ministry of Finance, AuroraAI–Towards A Humancentric Society, 2019 https://vm.fi/en/auroraai-en

＊5 Keegan McBride, Sailing towards digitalization when it doesn't make cents? Analysing the Faroe Islands' new digital governance trajectory, Island Studie Journal, vol.14, no.2, 2019

＊6 日本のNECは2018年にKMDを買収し、現在はNEC傘下である。

＊7 安岡美佳「デンマークの電子政府推進体制」『行政＆情報システム』vol.58、no.3、2014年

＊8 安岡美佳、那須優一、栗山緋都美「北欧の電子政府と連携体制：フィンランドとノルウェーの電子政府推進体制」『行政&情報システム』vol.52、no.2、2016年

＊9 安岡美佳「電子政府の進捗にいかに強制力が活用されたか」『Nextcom』vol.47、2021年

＊10 安岡美佳「北欧電子決済の現状から見る電子貨幣の展望」『行政＆情報システム』vol.54、no.4、2018年

おわりに

北欧のスマートシティは先進的らしいという噂を聞きつけ、海外から多くの問合せが筆者の元に寄せられる。「スマートシティの先進事例を教えてください」と尋ねられたとき、私たちはいつも途方に暮れる。それは、都市の風景として視覚的に体験できる部分がとても限られているからだ。実際に北欧に暮らす人々も、スマートシティに暮らしていると意識することはほとんどない。ここまで読んでくださった皆さんにはその理由がわかってもらえると思う。

本書で紹介するスマートシティは、読者の皆さんが考えるスマートシティのイメージとは違っていたかもしれない。北欧のスマートシティは、テクノロジーに支配されていない街だからだ。スマートシティを構成する一つ一つのシステムはとても普通で何がスマートなのかよくわからないかもしれない。ただ、個々のシステムが、強固な技術インフラと社会インフラによってネットワーク化され、人々が心地よく生きていくための仕掛けが街に張り巡らされ、一つのエコシステムとしてシームレスに街が機能している。

北欧のスマートシティを体感されたければ、実際に北欧の都市に1週間でも滞在して、街中を歩き回って、人々の暮らしぶりに触れてほしい。さらに欲を言えば、数カ月、数カ年、北欧に滞在してみたら、きっとこの本で紹介した以上に多くの発見をされることと思う。

筆者は、ロスキレ大学での研究および北欧研究所での調査活動を通して、過去20年にわたり、「私たちの幸せを向上するためにテクノロジーは何ができるか？」を追求してきた。本書ではその知見をできるかぎりわかりやすく日本の読者の方々に伝えるべく執筆してきたつもりだ。本書で紹介した北欧の実践が、日本の皆さんの活動の場で役立ててもらえることを願っている。

本書の出版にあたり、公益財団法人ＫＤＤＩ財団の著書出版助成をいただいた。また、原稿の細かな文章やデータのチェックなどを北欧研究所のメンバー（内田真生、桜井紀子、佐藤奈々葉、宮下祐真）、高橋渚紗さんにいただいた。原稿執筆においては、学芸出版社の宮本裕美さんをはじめ、書ききれないほど多くの方々の貴重な支援をいただき、本書の出版が実現した。心からの感謝を表したい。

安岡美佳

２０２２年12月

安岡美佳（やすおか・みか）

ロスキレ大学准教授。北欧研究所代表。1977 年生まれ。京都大学大学院情報学研究科修士課程修了、東京大学工学系先端学際工学専攻を経て、2009 年コペンハーゲン IT 大学で博士号取得。コペンハーゲン IT 大学助教授、デンマーク工科大学リサーチアソシエイツ等を経て現職。2005 年北欧に移住。専門はユーザーセンターデザイン、デザインイノベーションの共創手法（デザインシンキング、参加型デザイン、リビングラボ等）、AI・ロボットを含めた IT の社会実装など。2000 年代からデジタルシティの研究に取り組む。

ユリアン 森江 原 ニールセン（Julian Morie Hara Nielsen）

Nordic Asian Venture Alliance（NAVA）のオペレーション・マネジャー。1987 年生まれ。コペンハーゲン商科大学アジア研究学部卒業、同大学院ビジネス開発学部修士課程修了。2018 ～ 22 年環境技術のスタートアップ企業 M-PAYG のソーラーホームシステム製造会社、ドローンスタートアップ製造会社 UPTEKO の両社で資金調達やプロジェクトマネージャーを務め、2020 年以降、現職。現在、北欧のスマートシティとその技術を開発するスタートアップに関する調査・研究を実施。

北欧のスマートシティ
テクノロジーを活用したウェルビーイングな都市づくり

2022年12月25日　初版第1刷発行

著者　安岡美佳
　　　ユリアン 森江 原 ニールセン

発行所　株式会社学芸出版社
　　　〒600-8216　京都市下京区木津屋橋通西洞院東入
　　　電話075-343-0811　info@gakugei-pub.jp
発行者　井口夏実
編集　宮本裕美
装丁　藤田康平（Barber）
DTP　梁川智子
印刷・製本　モリモト印刷

ISBN978-4-7615-2838-6